Sinnstifter

Führen heißt
Freiräume schaffen

Impressum

Copyright: © 2015 Michael Bandt – BISW GmbH, Krefeld

1. Auflage 2015

Verlag: BISW Verlag, Krefeld
Covergestaltung: Nicola Rieger – BISW GmbH, Krefeld
Titelbild: olly/fotolia.com
Layout/Satz: Dorothé Straßburger – BISW GmbH, Krefeld

ISBN 978-3-9816853-3-6

Sinnstifter

Führen heißt
Freiräume schaffen

Autoren

Corinna Bäthge

Stéphane Etrillard

Johannes Glatzle

Suzanne Grieger-Langer

Antje Heimsoeth

Theo Prinz

mit einem Vorwort von

Stéphane Etrillard

Inhalt

Führen
sinnstifter heißt
Freiräume
schaffen

Vorwort

Führen
heißt

Sinnstifter

Freiräume
schaffen

Was gute Führungsarbeit ausmacht und auf welche Fähigkeiten es ankommt

Was macht eine gute Führungskraft aus und wie kann sie den Anforderungen gerecht werden, die an sie gestellt werden? – Wer als Führungskraft arbeitet und die Verantwortung für ein Team oder eines ganzen Unternehmens übernimmt, wird immer wieder mit dieser Frage konfrontiert. Denn von der Antwort hängt nicht nur der unternehmerische Erfolg, sondern auch die ganz persönliche Erfolgsbilanz ab. Schließlich kann sich eine Führungskraft nur eine sehr begrenzte Zahl von Fehlschlägen leisten. Wenn etwas schiefläuft, fällt es auf sie zurück. Geschieht das mehrmals hintereinander oder in großem Ausmaß, kann dies das Ende einer aussichtsreichen Karriere bedeuten. An Führungskräfte werden die höchsten Erwartungen gestellt und viele setzen sich selbst zusätzlich unter Druck. Also braucht es eine klare Antwort auf die eingangs gestellte Frage.

Wer glaubt, Führungsarbeit bestehe vor allem daraus, hier etwas abzunicken, dort etwas zu unterschreiben und ansonsten nach Gutsherrenart Aufgaben zu verteilen, hinkt der Zeit gleich um einige Jahrzehnte hinterher. Moderne und erfolgreiche Führungsarbeit sieht heute völlig anders aus und hat kaum noch etwas mit dem traditionellen Bild einer Führungskraft gemein.

Sinnstifter und Manager von Beziehungen

Eine wesentliche Aufgabe von Führungskräften besteht heute darin, die individuellen Fähigkeiten, den persönlichen Kommunikationsstil sowie die Bedürfnisse ihrer Mitarbeiter und Teams zu verstehen und im Sinne des Unternehmens zu nutzen. Führungskräfte sind heute zu einem guten Teil Manager von Beziehungen. Ihre Aufgabe ist es, geschäftliche Beziehungen zu Kunden, Lieferanten und vor allem zu den Mitarbeitern zum Vorteil des eigenen Unternehmens zu stärken, um so eine stabile Grundlage für den wirtschaftlichen Erfolg zu schaffen. Ob und inwieweit das gelingt, hängt zu großen Teilen von der Persönlichkeit der Führungskraft selbst ab. Und diese Persönlichkeitsfaktoren sind keineswegs schwammig oder abstrakt, wie zuweilen angenommen wird. Sie äußern sich vielmehr in ganz konkreten Fähigkeiten wie beispielsweise darin, den Mitarbeitern den Sinn von Maßnahmen zu verdeutlichen und ihnen die erforderlichen Freiräume zu schaffen.

Wozu das?, mag vielleicht derjenige fragen, der noch ein veraltetes Bild von Führungsarbeit im Kopf hat. Hier ist die Antwort einfach, um die Leistungsfähigkeit und Produktivität im Unternehmen zu erhöhen und damit die Konkurrenzfähigkeit der gesamten Firma dauerhaft zu gewährleisten. Jedes Unternehmen braucht motivierte Mitarbeiter, die ihr ganzes Potenzial einsetzen. Ein Schulterklopfen und lapidar hingeworfene Floskeln reichen ganz gewiss nicht aus, um das zu erreichen. Denn wo der Sinn des eigenen Handelns nicht erkannt wird und das Korsett so eng geschnallt wird, dass jeder Spielraum verloren geht, wird die Leistungsfähigkeit ganzer Abteilungen herabgesetzt. Das kann und will sich heute kein Unternehmen mehr leisten.

Deshalb sind Führungskräfte gefragt, die diese Herausforderung annehmen und die auch in der Lage sind, die Aufgabe zu bewältigen. Gelingen kann das nur mit Fähigkeiten, die gern mit dem Begriff Soft Skills umschrieben werden. Allerdings leitet der Begriff ein wenig in die Irre: Schließlich handelt es sich hierbei nicht um „weiche Fähigkeiten", von denen es schön und nett ist, über sie zu verfügen – vielmehr ist es eine ökonomische Notwendigkeit, dass die Führungskräfte eines Unternehmens es verstehen, ihre soziale Kompetenz gezielt zu nutzen. Und leider ist es harte Realität, dass die Arbeit von Führungskräften genau daran scheitert, dass die soziale Interaktion nicht so recht gelingen will.

Der Mensch steht im Zentrum der Führungsarbeit
Führungskräfte sitzen eben nicht mit rauchendem Kopf im stillen Kämmerlein, sondern sind vor allem ein kompetenter und moderierender Ansprechpartner für ihre Mitarbeiter oder Kunden. Sie befinden sich mitten im Geschehen und unter Menschen. Der gekonnte Umgang mit Menschen steht deshalb eindeutig im Zentrum ihrer Arbeit. Hat eine Führungskraft Defizite im Bereich der persönlichen und sozialen Kompetenzen, lassen sich diese kaum mehr an anderer Stelle ausgleichen. Denn wer im Unternehmensalltag dauerhaft überzeugen will, braucht nicht nur gute Ideen und Konzepte, sondern auch ein souveränes Auftreten und die Fähigkeit, Beziehungen gewinnbringend zu gestalten. Vielfach ist der gekonnte Einsatz der eigenen Persönlichkeit das gewisse Extra, das am Ende über den Erfolg entscheidet.

Das gilt umso mehr, als der Berufsalltag vielfach geprägt ist von schweren Entscheidungen, Zeitdruck, Unvorhergesehenem, Stress und Mehrfachbelastungen, zudem kommt es immer wieder zu zum Teil drastischen Veränderungen.

Das alles ist belastend und kann schnell dazu führen, dass manche Team-mitglieder in ihrer Leistungsbereitschaft und Leistungsfähigkeit nachlassen. Führungskräfte sind dafür da, eine Atmosphäre zu schaffen und zu erhalten, die die Voraussetzungen dafür schafft, dass die Mitarbeiter weder ihre Freude an der Arbeit noch ihre Motivation verlieren. Eine leichte Aufgabe ist das nicht. Und ohne die Kommunikation ist es unmöglich, diese Aufgabe zu bewältigen.

Ein produktives Miteinander entsteht nur, wenn die Rahmenbedingungen stimmen. Eine erfolgreiche Führungskraft führt deshalb Gespräche, kann zu-hören und verstehen, verfügt über das nötige Fingerspitzengefühl und über ein hohes Maß an persönlicher Glaubwürdigkeit. Und sie kann ihre Ansichten überzeugend vermitteln. Das alles gelingt nur mit viel kommunikativem Geschick und einem ausgeprägten Bewusstsein für die Wirkung der eigenen Persönlichkeit. Denn es geht nicht allein darum, wie Sie Ihre Mitarbeiter führen, sondern auch darum, sich selbst zu führen. Der Aufstieg in die Führungsriege kann nicht nur zur Charakterprobe werden, sondern bringt es auch mit sich, die Verantwortung für das eigene Handeln zu übernehmen und sich selbst gegenüber Mitarbeitern, Kunden und Vorgesetzten überzeugend darstellen zu können.

Im vorliegenden Band finden Sie daher wertvolle Impulse von Experten, die verschiedene Facetten der modernen Führungsarbeit genauer beleuchten und Ihnen Anregungen geben, wie Sie die vielfältigen Anforderungen erfüllen können, die in der modernen Welt an Sie gestellt werden. So werden Sie zum Sinnstifter, der im Beruf die Freiräume schafft, die es jedem Einzelnen Ihrer Mitarbeiter möglich macht, sein Potenzial zu entfalten. Und Sie finden Ant-worten auf die essenzielle Frage, was eine gute Führungskraft ausmacht.

In diesem Sinne wünsche ich Ihnen eine anregende Lektüre

Ihr
Stéphane Etrillard
Bestsellerautor und Experte für persönliche Souveränität
www.etrillard.com

Corinna Bäthge

Persönlichkeit für Ihren Erfolg

Ich verstehe mich als ehrliche und direkte Feedback-Geberin, die durch ihre strukturierte und emotionale Art Dinge klar und verständlich auf den Punkt bringt.

Auf ein ehrliches Wort

Der Erfolg einer Maßnahme, eines Projektes oder eines Unternehmens steht und fällt mit den Menschen, die an ihm arbeiten. Ein wesentlicher Schlüssel ist die offene und ehrliche Kommunikation aller Beteiligten. Vieles wird nicht ausgesprochen oder falsch interpretiert – innere und äußere Konflikte können die (vermeidbare) Folge sein. Dazu zähle ich die verbale und nonverbale Kommunikation.

Dem Leser soll klar werden, wie wichtig es ist, bei sich zu bleiben. Das heißt, sich seiner Rolle als Führungskraft und als Mensch bewusst zu sein. Dazu gehört unter anderem das authentische Auftreten und Handeln, achtsam mit sich selber sein und eigene Grenzen erkennen und einhalten.

Eine erfolgreiche Führungskraft sollte aus meiner Sicht Mut haben, anders zu sein und dazu zu stehen. Mut, Gefühle zu zeigen, Mut, sich zu öffnen, Mut, Fehler zuzugeben und Mut auch mal bunter als andere zu sein.

Denn damit kann sie bei ihren Mitarbeitern Vertrauen aufbauen und erfolgreich führen.

Die Formel für Fachkompetenz

Eine solide Fachausbildung wird erst durch langjährige Praxiserfahrung zur wertvollen Fachkompetenz. Die Erfahrung aus über 10-jähriger Tätigkeit im Personalmanagement und als Beraterin von Geschäftsführung und Führungskräften sorgt für die notwendige Fähigkeit, den Arbeitsalltag meiner Klienten zu verstehen und Situationen kompetent, neutral und sensibel zu betrachten.

Meine Praxiserfahrungen für Ihren Erfolg:
» 2011 – heute: Coach und Beraterin, selbständig
» 2003 – 2011: Führungsposition im Personalmanagement, Telekommunikationsbranche
» 2000 – 2003: Personalreferentin, Personalberaterin, Dienstleistungsbranche

Meine Fachausbildungen für Ihren Erfolg:

» Integrative Coaching-Ausbildung nach Steinhübel & Rauen
» H.D.I. Trainer Ausbildung nach dem Modell von Ned Herrman
» Weiterbildungsstudiengang „Personalentwicklung im Betrieb" an der TU Braunschweig
» Qualitätsauditorin nach DIN EN ISO 9001
» Diplomkauffrau (FH), Fachbereich Wirtschaft an der Fachhochschule Osnabrück

Meine gesamten Projekte werden mit großem Engagement, hoher Professionalität und Freude begleitet. Neben beruflicher Erfahrung und fachlicher Qualifikation profitieren meine Klienten u. a. von folgenden wichtigen Faktoren:

» Klare und ehrliche Kommunikation
» Hohe Sensibilität
» Empathie und Einfühlungsvermögen
» Sehr gute Detailwahrnehmung
» Schnelle Auffassungsgabe

Woran erkennen Sie persönlich, dass Sie eine gute Führungskraft sind?
Ich erkenne es an meinem authentischen Auftreten, mit dem ich mich sehr wohl fühle. An der Fähigkeit das nicht Ausgesprochene zu spüren und zwischen den Zeilen lesen zu können.

Ich kann mich gut auf das Verhalten von Menschen individuell einstellen und Fähigkeiten erkennen und diese entsprechend einsetzen. Unabhängig der Ebene, Herkunft und Typ.

Je mehr ich bei mir bleibe und zu meinen Entscheidungen stehe, desto sicherer und erfolgreicher agiere ich. Dabei unterstützt mich meine emotionale Fähigkeit, meine schnelle und strukturierte Arbeitsweise und meine direkte und ehrliche Kommunikation, Dinge klar auf den Punkt zu bringen.

Was sind für Sie die wichtigsten Bestandteile guter Führung?
Führung ergibt sich aus drei Bestandteilen: der Persönlichkeit der Führungskraft, aus dem Team und dem Unternehmen. Alle drei Facetten bilden die Basis für die Art und Weise der Führung. In diesem Handlungsdreieck agiert die Führungskraft mit ihren Kompetenzen. Sie sollte bei sich bleiben, den individuellen Mitarbeiter sehen und die Unternehmensziele im Auge behalten.

Wie haben Sie zu Ihrem unverwechselbaren Führungsstil gefunden?
Die Erfahrung aus über 10-jähriger Tätigkeit im Personalmanagement und als Beraterin von Geschäftsführung und Führungskräften sorgt für die notwendige Fähigkeit, den Arbeitsalltag meiner Mitmenschen zu verstehen und Situationen kompetent, neutral und sensibel zu betrachten.

Das Handeln als Führungskraft ist das Ergebnis meiner Werte, Einstellungen und Erfahrungen. Die persönliche Erfahrung mit den eigenen Grenzen hat den letzten Schliff gegeben und prägt heute meinen persönlichen Stil.

Welchen Stellenwert haben die Themen Soft Skills und emotionale Intelligenz in Ihrem Führungsstil?
Die beiden Themen haben für mich einen sehr hohen Stellenwert. Sie bilden einen wichtigen Bestandteil für das Kompetenzprofil einer Führungskraft.

Unter emotionaler Intelligenz verstehe ich die Fähigkeit, mit eigenen und Emotionen anderer umgehen zu können und entsprechend der Situation zielführend zu handeln.

Wie viel menschliche Nähe ist zwischen Führungskraft und Mitarbeitern möglich, wie viel Distanz nötig?
Das hängt ganz davon ab, wie die beteiligten Personen damit umgehen und wie sie die Rollen trennen können.

Zu viel Nähe oder zu viel Distanz ist nicht vorteilhaft. Ein gutes Mittelmaß je nach Situation ist aus meiner Sicht sinnvoll. Eine gute Führungskraft sollte die Sensibilität mitbringen zu erkennen, wie sie hier agiert. Jeder Mensch braucht hier unterschiedliche Handlungsmöglichkeiten, eine Pauschalaussage gibt es aus meiner Sicht nicht.

Wie lautet Ihr ultimativer Führungstipp?
Eine Führungskraft sollte ehrlich, klar und konsequent sein, mit Herz und Verstand agieren. In allem was sie tut oder nicht tut: Sie ist ein Vorbild für Ihre Mitarbeiter.

Meine Devise lautet: „Nicht beige, sondern BUNT!"

„Nicht beige, sondern BUNT!"

Meine persönliche Schatztruhe ist gefüllt mit Erfahrungen als Führungskraft und als Beraterin und Coach. Viele Klienten profitieren davon und ich erkenne typische Muster, die auch ich im Verhalten eingesetzt habe. Mit diesem Beitrag möchte ich Sie auf eine Reise mit Beispielen und Situationen aus dem Führungsalltag, als Frau und als Mensch nehmen.

Als ich neulich einem Klienten ein Kompliment für sein Outfit machte, sagte er zu mir: „Sie sind doch auch immer so bunt gekleidet, da habe ich mir gedacht, ich mache das auch mal." Das war für mich ein Schlüsselerlebnis und ich wusste: der jetzige bunte Weg trägt Früchte.

Also „nicht beige, sondern BUNT!" ist meine Devise.

Heute gehe ich gerne mit bunten Sommerkleidern und farbigen oder geblümten Hosen zu meinen Kunden. Ich erhalte oft ein Lächeln und frische damit die Stimmung auf. Bei Farben fangen viele Menschen automatisch an zu lächeln.

Eine Führungskraft sollte ehrlich, klar und konsequent sein, mit Herz und Verstand agieren. In allem was Sie tun oder nicht tun: Sie sind ein Vorbild für Ihre Mitarbeiter. Machen Sie sich Ihr eigenes Bild von sich und zeigen Sie Ihre Individualität!

Die bunte Halskette

In vielen Unternehmen gibt es den sogenannten Dresscode zu bestimmten Anlässen wie z. B. Black Tie, Business Casual, Smart Casual, Casual Friday. Dann wird ein konkreter Look erwartet. Doch was passiert, wenn das überlesen und nicht eingehalten wird? Es kann unangenehm oder auch amüsant sein.

Ich wurde zu einem Führungskräfte-Meeting in die Konzernzentrale eingeladen und kannte den Dresscode nicht. Somit wählte ich ein klassisches Outfit, den schwarzen Hosenanzug und als Hingucker eine bunte Kette. Als ich die obere Etage erreichte und die Kollegen sah, wurde mir klar, dass mehrere Personen die Kleiderordnung nicht kannten. Viele kamen in Anzug und

Krawatte und die Geschäftsführung selbst in Casual, d. h. in Jeans, sportlichem Hemd und Freizeitschuhen. Der Anblick war wirklich amüsant. Ich weiß nicht, wer sich in dem Moment unwohler fühlte. Es fiel auf und die Kollegen flüsterten sich untereinander zu. Das löste sich schnell auf, als einer der Geschäftsführer den Dresscode zum Thema machte und somit die Spannung aus der Luft nahm.

Ich hatte damit kein Problem, denn ich hatte das Outfit gewählt, in dem ich mich wohl und sicher fühlte. Eine Jeans wäre für mich für diesen Anlass unpassend gewesen und ich hätte mich unwohl gefühlt. Die bunte auffällige Kette hab ich bewusst gewählt, um Farbe in mein Outfit zu bringen. Das bemerkten auch andere, denn mehrere Kollegen sprachen mich auf die Kette an.

Kleidung, in der sich eine Person unpassend und unwohl fühlt, kann Unsicherheit hervorrufen. Doch warum eigentlich? Passe ich dann nicht dazu oder falle ich zu sehr auf? Diese Fragen formen in solchen Situationen die Gedanken und beeinflussen unser Handeln. Wir passen uns an, um dazu zu gehören – und dann sind wir eine/r unter vielen.

» Selbstbewusst sein und es zeigen! Mehr Mut bei Ihrer Kleiderwahl. Ein kleiner Hingucker oder Farbtupfer unterstreicht Ihre individuelle Persönlichkeit und lockert die Atmosphäre auf!

Die graue Maus

Als Frau gibt es viele Möglichkeiten, sich im Business-Alltag zu kleiden. Doch werden diese Möglichkeiten auch voll ausgenutzt? Aus meiner Sicht nicht. Die weiblichen Führungskräfte sind optisch oft kaum von den männlichen zu unterscheiden. Dunkler Hosenanzug, weiße Bluse, wenig Röcke und Kleider sind in den Führungsetagen zu sehen. Die langen Haare werden zusammengehalten oder hochgesteckt und bunte und leichte Stoffe sind kaum wahrzunehmen. Viele Kolleginnen könnten als „graue Maus" von den Kollegen bezeichnet werden. Angepasst, nicht auffallen und farblos. Sind das die weiblichen Führungskräfte von heute? Sicherlich nicht.

Schauen wir uns mal die Frauen aus Süd- und Osteuropa an. Sie setzen auf Weiblichkeit mit Stil. Kostüme und Kleider betonen hier die weibliche Silhouette, egal welche Kleidergröße getragen wird. Viele strahlen damit Selbstbewusstsein aus und sind stolz darauf eine Frau zu sein.

Auch ich habe mich oft angepasst und mich nicht wohlgefühlt. Privat mehr Farbe getragen als beruflich und die Kleidung stark nach diesen Rollen getrennt. Doch als ich nicht mehr in der angestellten Position war, habe ich bewusst die Kleidung gewählt, worin ich mich wohl fühle. Nach und nach verschwand die Rollentrennung und ich zog nur noch einen Stil vor, nämlich meinen Stil!

Bei einem großen Personaler-Kongress in Berlin durfte ich das live erleben. Es war Sommer und auch die Temperaturen der Jahreszeit entsprechend, herrlicher Sonnenschein und angenehme Wärme. Für die Zugfahrt und den Begrüßungsabend wählte ich ein Sommertop und einen Rock. Ich fühlte mich sehr wohl und merkte, dass einige Blicke auf mich fielen. War der Ausschnitt zu tief oder zeigte ich zu viel Haut? Ich denke, es sah einfach nur gut aus und mein Wohlbefinden war mir anzusehen. Am ersten Kongresstag zog ich bewusst ein Kleid mit dezenten Farben und Blumenmuster an. Schon wieder spürte ich die Blicke, denn ich sah wirklich anders aus als die anderen weiblichen Kongressteilnehmer und fiel optisch auf. Um mich herum waren nur Personen mit dunklen Farben, Hosen, Anzügen, Blazern und farblosen Oberteilen zu sehen. Ich war ein richtiger Farbtupfer! Als ich dann von bekannten und auch unbekannten Personen Komplimente bekam, habe ich meine Rolle richtig genießen können. Ich passe nicht mehr zu den anderen und das ist gut so! Ich werde gesehen und finde es klasse, ich fühle mich wohl und zeige es. Genau das möchte ich Ihnen damit vermitteln.

Ich bin damit klarer in dem wie ich auftrete und in dem was ich mache. Das strahlt Selbstbewusstsein und Authentizität aus.

Jede Frau sollte ihre Weiblichkeit zeigen, stilvoll und passend zum Anlass, aber weiblich. Es gibt vielfältige Möglichkeiten z.B. mit farbigen Oberteilen und Tüchern effektvolle Akzente zu setzen. Fühlt sich die Frau wohl, strahlt sie das auch aus.

Auch für männliche Kollegen gilt: Mut zur Farbe und Vielfalt. Gerne mal ein farbiges Hemd auswählen.

» Mehr Röcke anstatt Hosen und öfter Kleider anstatt Hosenanzüge! Farbakzente lockern auf und stärken das Selbstbewusstsein bei Mann und Frau!

Authentisch sein

Oft höre ich die Aussage: „Privat bin ich ganz anders". Daraufhin sage ich dann meistens: „Das ist schade, denn es kostet Sie bestimmt viel Kraft". Dann schauen mich zwei erstaunte Augen an und mein Gegenüber fängt an, nach zu denken. Ausreden wie „aber ich kann doch nicht" oder „es wird so gewünscht" folgen dann. Ich bin der Meinung, dass es leichter gehen kann.

Sie dürfen SIE sein, privat wie beruflich. Können Sie das nicht, dann gibt es vielleicht Aspekte, die nicht passen. Haben Sie den richtigen Job? Was fehlt Ihnen oder wer oder was lässt Sie nicht so sein?

Ein einfaches Beispiel dafür ist wieder die Kleiderordnung. Wenn ich mich für einen Beruf entscheide, dann weiß ich vorher, dass ich einen gewissen Dresscode einhalten muss. Gerade im Pflege- oder Gastronomiebereich ist nicht viel vom eigenen Stil durchsetzbar. Doch bei anderen Berufen ist die Vielfalt größer. Aus meiner Sicht fehlt vielen Menschen der Mut, anders zu sein und / oder die Kenntnis darüber, wie sie über die Kleidung ihre Persönlichkeit zum Ausdruck bringen können.

Hier kann ich jedem empfehlen, sich einer professionellen Stilberatung zu unterziehen. Dabei lernen Sie, wie Sie mit bestimmten Farben und Formen und mit kleinen Effekten große Wirkung erzielen können.

Das ist natürlich nicht nur bei der Kleidung sichtbar, sondern auch am Verhalten.

» Bleiben Sie bei sich und zeigen nach außen, wer sie sind. Spielen Sie keine Rolle, die Ihnen Energie zieht!

Prioritäten setzen

Als Führungskraft haben Sie eine große Verantwortung Ihren Mitarbeitern gegenüber aber auch sich selbst. Das was Sie vorleben, wird von Ihren Kollegen und Mitarbeitern wahrgenommen und da Sie für viele Mitarbeiter ein Vorbild sind, können Sie einiges am Verhalten anderer beeinflussen. Ich hoffe, das ist Ihnen bewusst!

In vielen Köpfen steckt noch die Aussage: „Als Vorgesetzter muss ich mehr arbeiten als meine Mitarbeiter und als letzter nach Hause gehen". Das ist aus meiner Sicht veraltet. Denn wenn Sie gut steuern und führen und Themen delegieren, können Sie sich mehr Zeit nehmen und auch pünktlich die Arbeit beenden.

Aus eigener Erfahrung habe ich einen Wandel kennengelernt. Immer mehr junge Väter nehmen Vätermonate und Elternzeit und unterstützen z. B. die Partnerin beim Geburtstag des Kindes. Das heißt, sie gehen früher nach Hause, um gemeinsam mit der Familie zu feiern und beim Kind zu sein. Hier werden klare Prioritäten gesetzt.

Diesen Wandel in der Gesellschaft finde ich sehr angenehm und er zeigt, dass Familie nicht nur ein „Frauen-Thema" ist, sondern zunehmend Männer und die Unternehmen in die Verantwortung nimmt.

Wenn Sie weniger arbeiten heißt das nicht, dass Sie automatisch weniger leisten, sondern dass es in Ihrem Leben noch einen anderen Bereich gibt, nämlich den privaten. Die Balance zwischen Arbeit und Freizeit in Einklang zu bringen, ist oft nicht einfach. Doch ohne ein Auftanken außerhalb der Arbeit ist die Luft irgendwann raus und Ihre Leistung lässt nach. Sie dürfen also auch mal früher gehen und später kommen.

» Wenn Sie Urlaub machen, dann starten und enden Sie in der Mitte der Woche. Damit ist der Start mit einer kurzen Arbeitswoche nach dem Urlaub leichter und Sie können die Erholung noch konservieren!

Grenzen erkennen
Wie erkennen Sie Ihre eigenen Grenzen? Die eigenen Grenzen erkennen wir oft erst, wenn wir sie bereits überschritten haben und der Körper Signale zeigt, die wir überhören und ignorieren.

Das können u. a. Schlaflosigkeit, Unkonzentriertheit, Dünnhäutigkeit und Gereizt-heit, Kopfdruck und Ohrensausen sein. Wenig Zeit für (ungesunde) Nahrungs-aufnahme, häufiger Konsum von Alkohol und Distanzierung von Freunden können zum Beispiel die Folge sein. Schlechte Laune und das klassische „Hamsterrad-Feeling" sind weitere Anzeichen. Sie brauchen mehr Zeit für Dinge, die Sie sonst schnell erledigen und fühlen sich überfordert und uneffektiv in der Arbeitsweise.

Sind ein paar Merkmale davon über eine längere Zeit spürbar und erkennbar, dann sind Ihre persönlichen Grenzen ganz klar überschritten und die Balance zwischen Anspannung und Entspannung ist nicht mehr vorhanden.

Ich kann mich gut an eine bestimmte Situation erinnern: Während eines Gesprächs mit einem Kollegen fiel mein Blick durch das Fenster seines Büros direkt auf einen Baum mit wunderschön verfärbtem Laub. Die Farben spiegelten alle Seiten des Herbstes wieder und die Sonne ließ die Blätter leuchten. Als ich das ansprach, meinte der Kollege, dass ihm das überhaupt noch nicht aufgefallen sei und nahm sich kurz Zeit, diesen schönen Anblick zu genießen.

Kennen Sie das auch? Auf dem Weg zur Arbeit nehmen Sie das Umfeld gar nicht mehr wahr, Ihre Gedanken sind schon bei der Arbeit und nicht im Hier und Jetzt. Der bunte Schmetterling, der auf einer Blume sitzt oder ein lachendes Kind, das Ihnen entgegen kommt.

Sobald Sie diese kleinen schönen Dinge um Sie herum nicht mehr wahrnehmen, ist es Zeit auf die Bremse zu treten. Denn positive Anreize von außen stärken Sie und können Ihnen Energie geben. Lassen Sie das Leben nicht an sich vorbei laufen!

Wenn Ihnen diese Signale bei Mitarbeitern und Kollegen auffallen, sollten Sie diese darauf ansprechen. Für einen selber ist es erst mal normal so zu sein und Gedanken wie „das wird schon wieder" und „nach dem Projekt mache ich Urlaub" verfälschen das Bild. Krankheit und längere Abwesenheiten können die Folge sein.

Gehen Sie mit gutem Beispiel voran: Achten Sie auf die Balance zwischen Energie verbrauchen und Energie auftanken. Nehmen Sie nicht alle Aufgaben an, die Sie bekommen und setzen Sie Prioritäten. Nur wenn Sie gesund sind, können Sie Ihre gewohnte Leistung bringen und motiviert arbeiten.

» Pausen machen und den Arbeitsplatz verlassen. Bewusst essen und genießen. Zeit zum Auftanken nehmen und Sport und Bewegung in den Alltag einbauen!

Der Umgang mit persönlichen Grenzen

Was machen Sie, wenn Sie als Führungskraft merken, dass Sie Ihre eigenen Grenzen überschritten haben oder Sie bei einem Mitarbeiter oder Kollegen die Signale erkennen? Ich kann Ihnen raten, es anzusprechen und zwar direkt mit der betreffenden Person.

Sie können in einem 4-Augen Gespräch mitteilen, was Sie wahrnehmen. Fragen Sie ganz konkret nach dem Befinden. Bieten Sie Unterstützung an, entweder über Arbeitsentlastung oder auch durch interne oder externe Beratungsstellen, wie Betriebsrat oder Fachärzte. In vielen Unternehmen gibt es mittlerweile eine Hotline für Mitarbeiter, die auch für private Themen Hilfe anbietet.

Wenn Sie selbst betroffen sind, dann sprechen Sie mit Ihrem Vorgesetzten. Im gemeinsamen Gespräch können Sie weitere Schritte besprechen und damit einen längeren Ausfall vermeiden. Bitte nicht zögern oder sich als schwach bezeichnen. Es zeigt großen Mut, so etwas anzusprechen und den Weg der Besserung einzuschlagen. Ziel ist es, eine Lösung zu finden und nicht einen Schuldigen zu suchen.

Nur Sie allein können Ihren Zustand ändern, indem Sie Ihr Verhalten ändern.

Falls Ihnen der Weg zu Ihrem Vorgesetzten schwer fällt oder Sie keinen Vorgesetzten haben, dann öffnen Sie sich einer vertrauten Person aus dem privaten Umfeld. Fragen Sie, ob Sie sich in letzter Zeit verändert haben und wie Sie auf diese Person wirken. Sie werden schnell merken, dass viel mehr Menschen Verständnis für eine solche Situation haben als Sie denken. Nehmen Sie auch professionelle Hilfe in Anspruch, denn alleine ist es schwierig, angelernte Verhaltensmuster zu verändern.

» Wenn Ihnen etwas am Verhalten auffällt, direkt ansprechen, um Missverständnisse zu vermeiden und Verhaltensänderungen zu starten.

NEIN sagen
Wie oft und in welchen Situationen sagen Sie ein klares „Nein"? Ihnen wird vielleicht auffallen, dass das gar nicht oft vorkommt. Wenn Sie aber feststellen, Sie machen das sehr oft und deutlich, dann kann ich Sie nur beglückwünschen.

Viele Personen umschreiben ihre Ablehnung gerne mit Aussagen wie: „Ich weiß gar nicht, wann ich das noch machen soll", „das passt mir heute gar nicht", „dann kann ich den Termin nicht einhalten, wenn ich….", „Nee …", „Nö …". Kein Wunder, dass Ablehnungen in dieser Form nicht ernst genommen werden.

Meine Erfahrung zeigt, dass ein klares deutliches „Nein" akzeptiert und nicht hinterfragt wird. Ein zartes „Nein" mit unsicherer Haltung und unsicherem

Blick lässt Fragen offen. Einfach mal „Nein" zu sagen klingt ganz leicht, doch das ist es im Alltag gar nicht.

Wenn Sie eine Sache nicht möchten, dann zeigt Ihnen das Ihr Bauchgefühl an. Ein mulmiges Gefühl, ein Drücken, eine Schwere kann sich beispielsweise ausbreiten. Wenn dem so ist, dann ist es ratsam, ein „Nein" auszusprechen. Üben Sie mit kleinen Dingen und Situationen und sprechen Sie aus, was Sie möchten.

Stellen Sie sich folgende Situation vor: Ein Kollege erhält von Ihnen regelmäßig Informationen und Dateien, die er zur weiteren Bearbeitung benötigt. Sie sind so freundlich und stellen für ihn die gewünschten Daten zusammen. Dieser Kollege fragt Sie oft sehr kurzfristig, ob Sie ihm diese Datei erstellen können, da er sich auf Sie verlassen kann. Doch für Sie wird diese Kurzfristigkeit zum Druck und Sie lassen dadurch andere Dinge liegen, die zu Ihrem Aufgabengebiet gehören. Aussagen wie: „Ich brauche das kurzfristig, da ich zum Vorstandsmeeting muss" lassen Sie nicht zögern, hier zu widersprechen. Doch als Schutz für Sie, wäre es ratsam, diesem Kollegen ein „Nein" zu formulieren. Es könnte wie folgt aussehen: „Tut mir leid, das werde ich heute nicht mehr erledigen können, aber ich kann Ihnen die Unterlagen gerne bis morgen Abend erstellen. Bitte geben Sie mir beim nächsten Mal zwei Tage vorher Bescheid, damit Sie Ihre Unterlagen pünktlich erhalten können."

Ich kann Ihnen versichern, dass Ihr Gegenüber nicht unangenehm reagieren wird, eher im Gegenteil. Ein klares „Nein" bringt Sicherheit und Klarheit für alle Beteiligten. Wird Ihr „Nein" als solches erst mal nicht wahr oder ernst genommen, wiederholen Sie es bitte klar und deutlich. Wenn Sie das erfolgreich umgesetzt haben, werden Sie sich richtig gut fühlen und merken wie leicht es sein kann. Dadurch gewinnen Sie mehr Zeit für sich. Sie werden weiterhin als freundliche Person gesehen und brauchen sich keine Sorgen zu machen, dass Sie nun unkollegial oder unfreundlich wirken.

Wenn Sie anfangen, Ihr Verhalten zu ändern, tun die Personen um Sie herum das nicht einfach auch. Auch Ihr Umfeld benötigt Zeit, Ihr neues Verhalten anzunehmen. Seien Sie in dieser Zeit gnädig mit sich und mit Ihrer Umwelt.

» Ein klares „Nein" äußern und damit ein „Ja" zu sich selbst sagen!

Einundzwanzig, zweiundzwanzig, dreiundzwanzig
Genau diese drei Zahlen begleiten mich nun in meinem Alltag. Sie kennen das bestimmt auch: Wir zählen „einundzwanzig, zweiundzwanzig, dreiundzwanzig" wenn wir merken, dass wir gerade zu schnell sind und uns selbst überholen und somit Zeit rausnehmen möchten. Wann haben Sie das zum letzten Mal gemacht?

Ich kann mich noch genau an die Situation erinnern. Ich hatte einen Termin bei der Geschäftsführung und musste von einem Gebäude zum anderen laufen. Mein Schritt war schnell und Kollegen erkannten mich schon daran. Dieser Rhythmus begleitete mich, denn Dinge schnell zu erledigen, gefiel mir. Oft bin ich beim Hochgehen von Treppen gestolpert, doch an einem Tag dann beim Runtergehen. Ich bin auf der oberen Treppenstufe ausgerutscht und den kompletten Treppenabsatz gestürzt. Als ich unten ankam war ich wie benommen. Ich saß da und wusste gar nicht wie mir geschah. Ich hoffte, dass mich jemand sah, doch zu dem Zeitpunkt war das sonst so hoch frequentierte Treppenhaus wie leer gefegt. Ich war geschockt und stand auf. Meine Knochen waren alle noch so, wie sie sein sollten. Ich bin in ein benachbartes Büro gegangen und die Kollegin sah mir sofort an, dass etwas nicht in Ordnung war und holte mir ein Glas Wasser. Nachdem ich den Schock dann kurz verarbeitet hatte, bin ich wieder zurück an meinen Arbeitsplatz. Hier hätte ich gleich zum Arzt gehen sollen.

Dieser Sturz war für mich ein Warnschuss, der zum Glück gut verlief. Noch heute erinnere ich mich daran und gehe Treppen bewusst und zähle in Situationen, in denen ich mich selbst überhole „einundzwanzig, zweiundzwanzig, dreiundzwanzig".

» Nehmen Sie bewusst Zeit raus, auch wenn Sie gefühlt keine haben!

Zeit für Pausen – „coffee to stop"
Seitdem es den „Coffee to go" gibt, wird der Ort des Frühstücks oft von der Küche in das Auto verlegt. Das kennen Sie bestimmt auch, oder? Ich habe es eine Zeit lang praktiziert, um Zeit zu sparen und effektiver zu sein, dachte ich. Die Möglichkeit länger zu schlafen und dann auf der langen Autofahrt zu frühstücken schien mir sehr reizvoll. Doch ist es das auch wirklich? Aus meiner Erfahrung kann ich dazu nur sagen: „Nein, das ist ein Irrtum".

Heute plane ich Termine erst ab einer bestimmten Uhrzeit. Ich starte den Tag mit einem Frühstück und lese dabei die Zeitung. Dabei reichen oft 15 Minuten aus, um den Tag gestärkt und positiv zu starten. Diese Zeit bedeutet für mich echte Lebensqualität. Viele Menschen können morgens nichts essen und argumentieren damit. Doch auch für diese Personen kann ein ruhiger Start in den Tag positiv wirken.

Sobald ich im Auto saß, klingelte das Telefon. Die Zeit für den Kaffee verblieb und er wurde oft kalt. Manchmal hat er auch unschöne Flecken auf meiner Kleidung hinterlassen. Das Brötchen habe ich unbewusst gegessen und oft Bauchdrücken und Unwohlsein gespürt. Das muss nicht sein.

Auch wenn Sie mit Mitarbeitern unterwegs sind, seien Sie ein Vorbild. Setzen Sie sich auf Dienstreisen in ein Café für kurze Pausen oder nutzen Sie das Frühstück im Hotel für einen guten Start in den Tag.

Es gibt Personen, die ihre Pause am Schreibtisch machen und dabei weiterhin auf den PC schauen. Das Brötchen liegt daneben und es wird unbewusst abgebissen, während E-Mails gelesen werden. Wenn Sie Mitarbeiter in so einer Situation sehen, sprechen Sie sie an und weisen darauf hin, sich eine Pause zu gönnen. Die Arbeitszeit ist in vielen Unternehmen so flexibel, dass jeder dann essen kann, wann er möchte. Auch in kleinen Pausen kann jeder für sich wieder auftanken.

» Vermeiden Sie die Nahrungsaufnahme im Auto und nehmen sich Zeit dafür. Termine im Kalender dafür blocken und einhalten, den „coffee to stop" nehmen!

» Gemeinsam mit Ihrem Team Frühstücken oder Mittagspause machen, einen festen Termin pro Woche!

Im Vertrauen gesagt

Den Kollegen zu trauen ist gut, aber zu viel Privates kann auch gegen einen verwendet werden. Dabei wäre ich vorsichtig. Ein gewisser Grad an Offenheit ist notwendig, um eine vertrauensvolle Arbeitsbasis zu schaffen. Doch viel zusammen privat unternehmen, kann Konflikte mit sich bringen. Die Rollenteilung kann nicht jeder einhalten und Themen können oft vermischt werden. Hier können Sie nur jemandem trauen, den Sie wirklich sehr gut kennen.

Zum Teil kann es dann sein, dass über einen und nicht mit einem gesprochen wird. Wenn Sie das merken, was machen Sie dann? Ignorieren oder die Personen direkt ansprechen? Ich rate dazu, erst mal tief durchzuatmen und die Emotionen zu zulassen. Es kann sein, dass Sie sich ärgern, sich enttäuscht und verletzt fühlen oder auf jemanden richtig wütend sind. Wenn ein paar Stunden vergangen sind, dann sehen Sie die Sache sachlicher und können die Dinge, die Ihnen nicht passen, ansprechen.

Denn eines kann ich aus Erfahrung sagen: In Unternehmen wird viel über jemanden geredet und der Satz: „…das sage ich Dir im Vertrauen" sportn geradezu an, es weiter zu erzählen.

Wenn Sie das merken, können Sie sich zurücknehmen und selbst überlegen: Wie verhalte ich mich? Bin ich vertrauenswürdig?

Wenn Sie in einer Situation sind, bei der Sie genau wissen, dass Sie das Erzählte aus betrieblichen Gründen weitersagen müssten, sprechen Sie es bitte direkt an und sagen Ihrem Gegenüber: „Wenn Du hier weitersprichst, dann müsste ich das Thema offiziell machen, da ich in der Rolle des Vorgesetzten bin. Bitte verstehe meine Situation."

» Dinge, die Sie persönlich beschäftigen nur mit vertrauten Personen besprechen und die Rolle privat und beruflich trennen!

Verantwortung schenken
Wenn Sie als Führungskraft gerne die Kontrolle behalten möchten, dann könnte es sein, dass Ihre persönlichen Grenzen überschritten werden. Ich vermute, die Zeit dafür wird Ihnen nicht ausreichen. Als Führungskraft haben Sie die Aufgabe, Ihre Mitarbeiter zu steuern und sie dazu zu befähigen, Ihre Aufgaben in erwarteter Qualität und Form zu erledigen.

Natürlich kann es schwerfallen, ein Projekt abzugeben, was Sie gerne selber machen würden und können, aber Sie wachsen, wenn Sie hier loslassen und dem Mitarbeiter vertrauen. Es kann sein, dass er einen anderen Weg zum Ziel wählt, als Sie es machen würden. Jedoch kann dieser Weg genauso effizient oder besser sein als Ihrer. Ist er schlechter, dann haben Sie immer noch die Möglichkeit in regelmäßigen Abstimmungsterminen darauf hinzuweisen. Nur dadurch lernen die Mitarbeiter, Verantwortung zu übernehmen und werden selbstbewusster und sicherer. Es ist schön zu sehen, wenn auch Ihre Mitarbeiter wachsen und sich entwickeln. Das haben Sie in der Hand!

Oftmals blühen Mitarbeiter auf, wenn Sie merken, Sie dürfen mit entscheiden und handeln. Die Folge ist, dass Sie dadurch mehr Aufgaben übernehmen und Sie damit entlasten können.

Aus eigener Erfahrung kann ich das Vorgehen befürworten. Eine Zeit lang habe ich Messeauftritte organisiert. Es hat mir sehr viel Spaß gemacht, die Vorbereitung, Organisation vor Ort und die Nachbereitung zu übernehmen, bis die Aufgaben zu viel wurden. Das war der Zeitpunkt, das Projekt an eine Mitarbeiterin abzugeben.

Als ich gemerkt habe, dass die Mitarbeiterin mit viel Engagement und hoher Arbeitsqualität agierte, konnte ich mich innerlich zurücklehnen.

» Wenn Sie eine Aufgabe jemandem zutrauen, dann vertrauen Sie und lassen los!

Mut zu Fehlern
Fehler zugeben ist aus meiner Sicht eine Stärke. Doch leider sieht die Realität anders aus. Sie ist für mich erschreckend, denn Fehler werden oft „vertuscht". Wenn eine Person einen Fehler gemacht hat, dann versucht sie diesen zu verbergen oder schiebt die Schuld jemand anderem zu. Aussagen wie zum Beispiel „Ich hatte die Daten nicht früher erhalten …." oder „das kam schon fehlerhaft an …" kennen Sie sicherlich.

Doch was verstehen wir unter „Fehlern"?

Es können Fehlentscheidungen sein, es können falsche Berechnungen sein oder auch Fehlinformationen.

Es können aber auch einfach nur unterschiedliche Sichtweisen sein! Versetzen Sie sich in die Lage des Anderen. Wie sieht er diese Situation? Aus welchem Grund hat er so gehandelt?

Ich gehe davon aus, dass nicht alle Personen absichtlich einen Fehler verursachen, sondern mit bestem Wissen und Gewissen handeln. Oftmals fehlen Informationen, die im Nachhinein vielleicht zu einem anderen Ergebnis geführt hätten. Bei Fehlentscheidungen kann das oft der Fall sein. Durch Zeitdruck oder mangelnde Erfahrung können unterschiedliche Ergebnisse entstehen.

Ich kann mich noch gut daran erinnern, dass ich bei einer Kostenplanung einen hohen Betrag nicht berücksichtigt habe. Das ist durch die Bearbeitung einer Datei ausversehen passiert und mir nicht aufgefallen. Zum Glück ist es einem Kollegen aufgefallen und ich konnte es korrigieren. Da die Informationen schon verteilt worden sind, musste ich schnell informieren und wies auf den Fehler hin und sendete die korrekte Datei nach. Da mir die Sache selber sehr unangenehm war, reichte das schon, um davon zu lernen und diesen Fehler nur einmal zu machen. Sicherlich schaue ich nun noch genauer hin, was jedoch nicht heißt, dass mir kein Fehler passieren kann.

Zu Fehlern stehen ist eine Eigenschaft, die Ehrlichkeit und Offenheit mit einbezieht. Ich persönlich habe noch keine schlechten Erfahrungen damit gemacht, meine „Fehler" direkt anzusprechen. Die Reaktionen sind angenehm und verständnisvoll. Denn wie heißt es so schön: Aus Fehlern kann man lernen!

» Geben Sie als Führungskraft auch mal zu, dass Sie sich geirrt haben und seien Sie ehrlich!

Loyal sein

Das hört sich einfach an: Ich bin loyal. Doch was heißt das genau? Wem gegenüber bin ich loyal, mir oder dem Vorgesetzten? Meinem Unternehmen? Was verbinde ich mit loyal sein?

Aus meiner Sicht ist es ein vielschichtiger Begriff, der u. a. Ehrlichkeit beinhaltet. „Zu einer Sache stehen" passt auch. Oftmals muss eine Führungskraft Dinge verkünden, mit denen sie nicht hundertprozentig konform geht. Dann erkennt man aus meiner Sicht die Stärke und das Selbstbewusstsein einer Führungskraft. Sie selbst kann prüfen, ob die Werte des Unternehmens noch zu ihr passen.

Die Aussage einer Führungskraft vor den Mitarbeitern: „Das hat die Geschäftsführung so entschieden und mir gefällt das auch nicht…." ist für mich nicht akzeptabel. Entweder haben Sie als Führungskraft den Mut, das Thema vorher zu diskutieren oder Sie holen sich die Argumente, die Sie brauchen, um überzeugt zu sein.

Natürlich kann es Themen geben, die Ihnen nicht gefallen. Jedoch gehört unternehmerisches Denken und Handeln zu den Aufgaben von Führungskräften. Von Ihnen wird erwartet, die Dinge umzusetzen und zu forcieren.

In solchen Situationen ist es aus meiner Sicht wichtig, den Mitarbeitern Argumente zu liefern, die sie motivieren. Sie selber sollten in der Lage sein, sich selbst zu motivieren und für Sie tragbare Gründe zu finden, damit Sie selbst überzeugend sind. Es kann sonst sehr unangenehm werden, andere für eine Entscheidung vorzuschieben.

Sollte es öfter vorkommen, dass Sie mit Entscheidungen der Unternehmensführung nicht konform gehen, dann sollten Sie nach dem Grund dafür fragen. Haben sich vielleicht Ihre persönlichen Einstellungen und Werte verändert oder die des Unternehmens?

Auf Dauer kann es für Sie anstrengend werden, entgegen Ihren Werten und Vorstellungen zu handeln. Das würden auch Ihre Mitarbeiter und Kollegen spüren.

Ich selber habe diese Erfahrung gemacht und nach einer langen Zeit gemerkt, dass ich keine für mich passenden Argumente mehr finden konnte, um hinter den Entscheidungen des Unternehmens zu stehen. Zu diesem Zeitpunkt wurde mir klar, dass ich zu den Werten und Zielen der Unternehmensführung nicht mehr passe. Dauerhaft gegen Wertvorstellungen zu handeln, kostet viel Energie und Kraft.

Das ist aus meiner Sicht nichts Negatives, sondern erleichtert ungemein. Es fühlt sich an, als wenn sich ein Felsbrocken von einem löst. Nach dieser Erkenntnis den richtigen Weg zu finden, ist etwas schwieriger und benötigt viel Zeit und Ruhe.

» Haben Sie den Mut nachzufragen und stehen Sie loyal zu Ihren Entscheidungen!

Informieren – Kommunizieren
Umstrukturierungen, Fusionen, neuer Vorgesetzter, Projekte, Change-Prozesse und vieles mehr geben Anlass dazu, die Mitarbeiter mit Informationen auf dem Laufenden zu halten. Doch wie erhalten die Personen Informationen, die sie erwarten und für ihre Arbeit und für ihr Wohlbefinden benötigen?

Aus meiner Sich gilt hier die Devise: Lieber zu viel als zu wenig informieren. Und zwar auf allen Kanälen: schriftlich, mündlich und nonverbal.

Meine Erfahrung zeigt, dass negative Informationen von den Vorgesetzten später verbreitet werden als positive und dass die Stagnation eines Projektes oder wenn keine neuen Informationen vorliegen, oft nicht oder selten kommuniziert werden. Was passiert?

Die Mitarbeiter machen sich selbst ihre Gedanken und der bekannte „Flurfunk" wird aktiviert. Dabei kann Unsicherheit hervorgerufen werden und falsche Informationen machen den Rundlauf. Das ist aus meiner Sicht ein hohes Risiko. Mit kurzen Informationen Ihrerseits können Sie viel bewirken und Vertrauen schaffen.

Ein Satz wie z. B. „die Verhandlungen mit der Geschäftsführung haben sich zeitlich verschoben, ich werde Sie umgehend informieren, sobald mir weitere Daten vorliegen" kostet Sie nicht viel Zeit und reicht aus, den Wissensdurst der Mitarbeiter vorerst zu stillen. Die Information sollten Sie mündlich vor dem Team und dann zusätzlich als Mail verfassen, damit Sie alle erreichen können. So können Sie Unsicherheit und negativen „Flurfunk" vermeiden.

» Nehmen Sie bei regelmäßigen Besprechungen den Punkt „aktuelle Themen" auf und informieren Sie kurz über den Status. Geben Sie aktuelle Informationen unmittelbar weiter!

Kleine Aufmerksamkeiten

Eine Assistentin sagte mir mal, dass sie sich mehr Aufmerksamkeit von ihrem Chef wünschen würde, ein kleiner Gruß oder ein Dankeschön für die Überstunden würden ihr ausreichen. Als ihr Geburtstag nahte, sagte ich das ihrem Chef und fragte, was er denn vorhabe. Er sah mich nur an und sagte, er würde ihr dann gratulieren wollen. Ich schlug ihm vor, einen kleinen Blumenstrauß zu besorgen und ihn mit dem persönlichen Gruß zu übergeben. Er wollte sich das überlegen, denn aus seiner Sicht wollte er nicht zu viel machen.

Als ich an dem besagten Tag der Assistentin telefonisch gratulierte, berichtete sie mir ganz fröhlich, dass sie von ihrem Chef einen Blumenstrauß bekommen hat und sich riesig gefreut hat!

Ich habe mich auch sehr gefreut. Zum einen, dass meine Empfehlung ange-nommen wurde und zum anderen, dass so eine kleine Aufmerksamkeit eine große Wirkung haben kann.

Eine andere Geschichte zeigt ähnliche Wirkung: in einem Workshop teilte mir eine Führungskraft mit, dass er wenig persönlichen Kontakt zu seinen Mit-arbeitern habe und nicht weiß, wie er das im Alltag umsetzen soll. Ich habe ihm den Tipp gegeben, ganz einfach zu starten. Jeden Morgen durch die Büros gehen und jedem „Guten Morgen" sagen. Er berichtete mir davon und war begeistert, wie einfach das war und dass seine Mitarbeiter sich gefreut haben. Ein kurzes Gespräch kam auch zu Stande. Auch hier ist es ein sehr geringer Aufwand mit großer Wirkung. Weiter so!

» Kleine Gesten und freundliche Worte stärken den wertschätzenden Umgang!

Lob und Kritik
Lob und Kritik sollten unmittelbar gegeben werden. Wobei viele Führungs-kräfte wohl eher kritisieren als loben. „Nicht kritisiert ist doch schon gelobt", diese Aussage höre ich nur zu oft. Sie ist vielleicht nicht immer ernst gemeint aber ich merke, wie es vielen Personen schwer fällt, ein Lob auszusprechen.

Aus meiner Sicht wird das Verhalten durch folgende Sichtweise beeinflusst: Eher der Mangel und das nicht Erreichte wird in den Vordergrund gebracht, als das Positive und die schönen Dinge. Heben Sie die positiven Aspekte in den Vordergrund!

Seien Sie ehrlich beim Aussprechen eines Lobs. Denn Floskeln kommen auch als solche beim Gegenüber an. Ein einfaches „Danke" reicht aus, wenn Sie mit etwas zufrieden sind.

Hier ein paar Beispiele, wie Sie Lob formulieren können:
„Danke, dass Sie sich dafür so eingesetzt haben".
„Das haben Sie gut gemacht".
„Vielen Dank für Ihre Zeit".
„Danke für Ihre Unterstützung".
„Klasse, wie Sie das formuliert haben".

Kritik aussprechen gehört zum Steuern und Führen im Führungsalltag dazu. Das fällt vielen Personen nicht leicht. Hier ist die Art und Weise wichtig, wie Sie diese dem Gegenüber kommunizieren.

Aber vorab bitte erst bei sich selbst schauen und sich folgende Fragen stellen: War mein Arbeitsauftrag klar und deutlich? Bin ich mir sicher, dass der Mitarbeiter die Aufgabe verstanden hat? Habe ich meine Ziele und Termine deutlich formuliert?

Wenn Sie diese Fragen mit „Ja" beantworten können und Ihre Erwartungen nicht erfüllt worden sind, dann ist ein Gespräch mit dem Mitarbeiter zeitnah notwendig, in dem Sie klar formulieren, was Sie in welcher Form zu wann erwartet haben. Damit hat der Mitarbeiter eine Chance, es beim nächsten Mal besser zu machen.

» Loben Sie Ihre Mitarbeiter und bedanken Sie sich bei Ihnen. Kritik in klarer Form und unmittelbar mitteilen!

Bunte Persönlichkeiten

Ein Team mit Mitarbeitern zu führen ist nicht immer leicht. Da treffen verschiedene Charaktere und Persönlichkeiten aufeinander. Wären sich alle ähnlich, könnte es leichter und harmonischer sein, doch für ein Unternehmen aus meiner Sicht nicht nachhaltig. Somit ist es sinnvoll, ein Team mit verschiedenen Persönlichkeiten zu mixen.

Bekannte Situationen: Der Bewerber ist Ihnen sofort sympathisch und Sie fühlen sich verstanden. Das Gespräch läuft leicht und locker und es fühlt sich passend an.

Diskussionen mit anderen Mitarbeitern können wiederum anstrengend sein und fordern Sie. Das kann anstrengend sein. Doch ein Mix aus allem ist für das Ergebnis sinnvoll! Denn die Verschiedenartigkeit beleuchtet alle Seiten einer Thematik und bringt die bestmögliche Lösung für den Erfolg.

Wenn Sie neue Mitarbeiter suchen, dann wählen Sie bewusst die Personen aus, die Fähigkeiten mitbringen, die in Ihrem Team noch nicht vorhanden sind. Um zu wissen, welche Kompetenzen das sind, sollten Sie ein Stellenprofil erstellen und daraufhin die Mitarbeiter einsetzen.

Durch die Vielfältigkeit und Diskussionen kommen neue Denkweisen zum Vorschein und die Sichtweisen werden bunter.

» Stellen Sie ihr Team nach verschieden Persönlichkeiten zusammen. Das macht es bunter und effektiver!

Ihr Team
Was wären Sie ohne Ihre Mitarbeiter?

Jeder in Ihrem Team hat seine Aufgaben und seine Rolle und gemeinsam erreichen Sie Ziele und schließen erfolgreich Projekte ab. Sicherlich kennen Sie das: Der Übergang von einem zum nächsten Projekt ist fließend. Das eine Projekt ist noch nicht abgeschlossen, da startet schon das nächste oder die nächsten.

Erleben Sie bewusst gemeinsam den Start und das Ende eines Projektes! Das fördert den Teamgeist und motiviert!

Wenn Sie keine Projektarbeit haben, dann können Sie auch kleinen gemeinsamen Erfolgen im Berufsalltag den Fokus geben und bestimmten Zeitpunkten Aufmerksamkeit schenken.

Ich rate Ihnen, betriebliche Feiern wie z. B. eine Weihnachtsfeier mit Ihrem Team nicht zu umgehen. Auch wenn nicht alle Mitarbeiter gerne teilnehmen, erreichen Sie damit doch einige Personen, die sich durch eine Einladung wertgeschätzt fühlen und Spaß haben. In vielen Unternehmen wird das Budget für gemeinsame Aktivitäten gekürzt oder ganz gestrichen. Das finde ich persönlich sehr schade. Bei Anlässen außerhalb des betrieblichen Geschehens lernt man sich anders kennen und Türen für mehr Offenheit und Verständnis öffnen sich.

Oft werden Erfolge mit besonderem Arbeitseinsatz nicht wahrgenommen und als selbstverständlich hingenommen. Sprechen Sie mit Kollegen und Vorgesetzten über Ihre Erfolge. Sie können selbstbewusst darüber berichten, was Sie gemeinsam mit Ihrem Team erreicht haben.

Loben Sie Ihre Mitarbeiter für gemeinsame Erfolgserlebnisse und sprechen Anerkennung aus. Ein einfaches „Danke" reicht aus und die Mitarbeiter fühlen sich wertgeschätzt. Gemeinsame Events oder ein Eis im Sommer sind nur wenige Beispiele dafür. Ihnen fällt bestimmt was Gutes ein.

» Tue Gutes, rede und wertschätze es!

Führen durch Fragen

Stellen Sie sich folgende Situation vor: Sie geben einem Mitarbeiter eine Aufgabe, delegieren ein Thema und haben schon den Lösungsweg im Kopf. Genau dann behalten Sie bitte Ihren Weg für sich und geben dem Mitarbeiter nur das Ziel vor. Denn eine Folge kann sein, dass Sie den Mitarbeiter demotivieren, da er am Entscheidungsprozess nicht teilnehmen konnte und sich durch Vorgaben eingeengt fühlen kann.

Sie können in solchen Situationen durch offene Fragen den Mitarbeiter dazu bringen, selbst einen Weg zu kreieren. Geben Sie mehr Spielraum und Freiheit für die Bearbeitung. Offene Fragen zeichnen sich dadurch aus, dass Ihr Gegenüber nicht nur mit „Ja" oder „Nein" antworten kann, sondern eine frei formulierte Antwort geben muss.

Durch das Hinterfragen erfahren Sie, wie der Mitarbeiter vorgehen möchte und können ihn dann gegebenenfalls korrigieren und auf den „richtigen" oder anderen Weg führen. Für Sie selbst können sich dadurch völlig neue Wege erschließen.

» Führen durch Fragen und offen für neue Wege sein!

Offene Bürotür

Sie kennen die Aussage bestimmt auch: „Meine Bürotür ist für Sie immer offen!"

Doch ist sie das wirklich? Was heißt hier offen? Offen für wen oder wann und muss das sein, um für die Mitarbeiter ansprechbar zu sein?

Auch Sie als Führungskraft benötigen Zeit, um in Ruhe zu telefonieren und etwas aus- oder abzuarbeiten. Wenn Ihre Bürotür immer offen ist, dann heißt das auch, dass Sie ansprechbar sind. Das kann ich Ihnen nicht empfehlen. Denn nur zu oft können Sie aus Denkprozessen rausgerissen und bei Telefonaten gestört werden.

Meine eigene Erfahrung zeigt, dass auch hier Ehrlichkeit wichtig ist. Eine Tür darf und sollte auch mal geschlossen sein. Das bedeutet, dass sie nur mit einem Klopfen geöffnet werden kann. Hierbei ist der respektvolle Umgang mit der Situation wichtig. Wenn eine geschlossene Tür nicht ernst genommen wird, dann könnten Sie auch überrascht werden, was sicherlich nicht zielführend ist.

Für die Mitarbeiter ist es auch angenehm, wenn die eigene Tür des Büros geschlossen werden kann. Das gibt mehr Ruhe und fördert die Konzentration.

Wenn Sie Ihre Tür offen lassen, dann bitte ganz öffnen und nicht nur anlehnen. Denn eine geschlossene Tür ist ein optisches Hindernis für jemanden, den nächsten Schritt zu tun.

» Besprechen Sie mit Ihren Mitarbeitern die „Regeln der Tür". Was heißt es, wenn sie geschlossen ist und welches Verhalten wird dann erwartet?

Zeiten blocken

Damit Sie effektiv arbeiten können, nutzen Sie Ihren Terminkalender. Blocken Sie sich Termine für Projektarbeit, für Telefonate und für E-Mails lesen und bearbeiten, damit nicht andere die Oberhand Ihrer Zeit erhalten.

Bei belegten Zeiten erfolgt oft ein Anruf für Terminabstimmungen, bei freien Zeiträumen kann es sein, dass Sie einfach eine Terminanfrage erhalten. Wie schnell ist dann der Kalender voll und Sie finden erst in den Abendstunden zu den tatsächlichen Aufgaben? Das kommt Ihnen sicherlich bekannt vor.

Viele nehmen ihre Arbeit mit nach Hause, da sie dort mehr Ruhe haben. Dass kann ich Ihnen nicht empfehlen. Wenn Sie damit anfangen, können die Grenzen von Arbeit und Privatem unklar werden und Sie haben weniger Zeit zum Abschalten.

Weiterhin kann ich Ihnen empfehlen, Wege- und Fahrtzeiten mit einzuplanen und auch im Kalender zu blocken. Ansonsten können Termine eng aufeinanderfolgend Ihren Kalender füllen und Sie kommen permanent unter Zeitdruck.

Noch ein Tipp: Schalten Sie als erstes den kleinen gelben Briefumschlag aus, der erscheint, wenn Sie eine neue Mail erhalten. Das lenkt Sie ab, denn Ihr Blick

geht nach unten rechts auf dem Monitor und schon sind Sie aus ihrem Denk-
und Arbeitsprozess raus.

» Blocken Sie sich Zeiten in Ihrem Terminkalender, in denen Sie Dinge in Ruhe
bearbeiten können!

Online – Offline

Dank der Technik sind wir alle immer und überall erreichbar. Funktioniert mal
das WLAN während einer Dienstreise nicht, werden einige Menschen unruhig.
Mal eben noch abends in die Mails schauen und sich dann ärgern, wenn eine
nicht so angenehme Nachricht dabei war. Oder E-Mails schnell per Smartphone beantworten, damit es erledigt ist.

In den Medien wird berichtet, dass Großunternehmen auf die maximale
Arbeitszeit der Mitarbeiter achten und das Versenden von E-Mails zeitlich
begrenzt wird. Diensthandys sollen während der Urlaubszeit zu Hause bleiben
und keine E-Mails an Urlauber versendet werden. Doch wer hält sich daran
und warum können wir nicht „abschalten"?

Wir haben es selber in der Hand!

Für mich heißt das Thema Selbststeuerung. Wie steuern wir uns durch den Tag?
Sind ausreichend Pausen dabei? Wann stellen wir das Handy auf lautlos oder aus?
Wie gut können wir das aushalten und technisch wie auch mental abschalten?

Natürlich können einige damit besser umgehen als andere Menschen und
schneller wieder auf – nicht arbeiten/arbeiten – umschalten.

Eine vorbildliche Führungskraft ist aus meiner Sicht so organisiert, dass sie ihre
Mails nicht am Sonntag oder spät abends versendet und keine Anrufe im
Urlaub annimmt und tätigt. Laufende Projekte werden wenn möglich dele-
giert und vorab erledigt.

Meine Wahrnehmung ist, dass Personen, die zwei Wochen das Smartphone im
Urlaub abgeschaltet haben, sich erholter fühlen, als die, die es nicht tun.
Die Zeit zum Auftanken braucht Ihr Körper. Die Erfahrung zeigt, dass sich viele
Dinge von selbst regeln. D.h. Kollegen schauen selber nach, wenn sie etwas
suchen oder die „cc-Mails" werden weniger.

Hier können Sie als Vorbild agieren. Ein gut erholter Vorgesetzter kann voller Elan die Arbeit wieder aufnehmen. Meine Erfahrung zeigt, dass auch Kunden es positiv aufnehmen, wenn Sie sich freundlich abmelden und sie über Ihren Urlaub informieren. Nach dem Urlaub haben Sie dann ein gutes Einstiegsthema für Gespräche.

» Kollegen, Kunden, Lieferanten vor dem Urlaub informieren, wie lange Sie abwesend sind. Dann läuft auch weniger auf! Und JEDER ist ersetzbar.

Effektive Arbeitszeit

Jeder von uns hat einen anderen Biorhythmus. Das heißt, wir sind zu unterschiedlichen Zeiten effektiv und leistungsstark. Einige Menschen sind Frühaufsteher, andere werden erst abends aktiv.

Wenn es die Rahmenbedingungen zulassen, sollten Sie das bei Ihrer Personaleinsatzplanung berücksichtigen.

Homeoffice halte ich für effektiv und kann den Mitarbeiter entlasten. Hierbei kann ein Tag genügen, um positive Ergebnisse für alle Seiten zu erzielen. Dank der heutigen Technik müssen die Mitarbeiter nicht zwingend zu Meetings körperlich anwesend sein. Regelmäßige Abstimmungstermine vor Ort können Sie gemeinsam festlegen.

Viele Mitarbeiter können entspannter und motivierter sein, wenn sie zum Beispiel einen Tag zu Hause, im sog. Home-Office arbeiten können. Sie haben mehr Ruhe und können dort gut Konzepte erarbeiten und Themen vorbereiten. Insbesondere für Personen, die Familie und Beruf in Einklang bringen möchten, ist diese Form interessant. Ein späterer Start in den Tag kann bei Mitarbeitern auch motivierend sein.

Diese Form der Arbeitszeit würde ich nicht allen Mitarbeitern gewähren, sondern nur denen, die nachvollziehbare und sinnvolle Gründe dafür haben, die unabhängig an Themen arbeiten und vertrauensvoll mit Ihrer Zeit umgehen können. Denn es heißt nicht, dass dadurch mehr Stunden gearbeitet werden, sondern dass die Mitarbeiter ihre Zeit selbstständig einteilen können und somit effektiver arbeiten. Das von Ihnen entgegengebrachte Vertrauen wird sich in den Ergebnissen widerspiegeln.

» Geben Sie Ihren Mitarbeitern mit flexiblen Arbeitszeiten Freiräume, damit sie selbstbestimmt und motiviert bleiben!

Die bunte Reise mit vielen Facetten des Führungsalltags birgt immer wieder neue Abenteuer. Die Vielfalt in den Dingen bringt Abwechslung und neue Herausforderungen.

Ich wünsche Ihnen auf Ihren Reisen als Führungskraft und Mensch viel Mut und viel Farbe für die individuelle Gestaltung.

Ihre Corinna Bäthge

Corinna Bäthge
CB Coaching und Beratung - Karriereentwicklung und Begleitung von Führungskräften im Tagesgeschäft
www.corinna-baethge.de

Stéphane Etrillard

Souverän kommunizieren, souverän führen

Sylke Gall

Stéphane Etrillard ist internationaler Keynote Speaker und Executive Coach und zählt zu den meistgefragten und besthonorierten Top-Wirtschaftstrainern im deutschsprachigen Raum.

Der mehrsprachige Vortragsredner gilt als führender europäischer Experte für „persönliche Souveränität". Stéphane Etrillard, Kosmopolit französischen Ursprungs lebt in der Kulturmetropole Berlin. In seiner Freizeit beschäftigt er sich leidenschaftlich mit Philosophie, Literatur und Klaviermusik und lernt mit großer Begeisterung das Klavier spielen.

Sein einzigartiges Know-how ist in den letzten 20 Jahren in der Beobachtung und Begleitung von über 25.000 Führungs- und Nachwuchskräften aus unterschiedlichsten Branchen entstanden. Zudem wurde er als Ausnahmepersönlichkeit unter die Top 100 Speakers aufgenommen. Mit seinen Privatissima im Bereich Rhetorik, Dialektik und Körpersprache, Diplomatie sowie Selbstvermarktung verhilft er seinen Kunden zu mehr Souveränität in allen Lebenslagen. Er steht einigen der angesehensten Familien Europas als Privatcoach mit Rat und Tat zur Seite. Zu seinen Coaching-Klienten zählen Manager aus Top-Unternehmen, Einzelunternehmer, mittelständische Unternehmer und Politiker sowie viele Menschen, die sich bei ihm neue Impulse holen, um ihre Kommunikation noch souveräner und ihr Leben erfolgreicher zu gestalten.

Stéphane Etrillard zählt das Who's Who europäischer Unternehmen zu seinen Firmenkunden. Das Spektrum seiner Kunden erstreckt sich von innovativen Mittelständlern über DAX-Unternehmen bis zu global agierenden Konzernen. Bei den führenden Seminar- und Kongressveranstaltern zählt er zu den gefragtesten Referenten. In Zusammenarbeit mit Führungskräfte-Akademien und Seminarveranstaltern hat er Fach- und Führungskräfte von fast allen DAX-Unternehmen geschult.

2013 wurde sein neuestes Buch „Mit Diplomatie zum Ziel" im WirtschaftsBlatt in die Top Ten der deutschsprachigen Wirtschaftsbücher aufgenommen.

Durch zahlreiche Vorträge und Publikationen ist er einem breiten Publikum bekannt geworden. Er ist Autor von über 40 Büchern, Lehrgängen und Audio-Coaching-Programmen, die zu den Business-Topsellern zählen. Täglich lesen bis zu 30.000 Menschen seine Coaching-Impulse in den sozialen Netzwerken.

Seine Coachings und Seminare führte er bis jetzt in Deutschland, Österreich, der Schweiz, den Niederlanden, Belgien, Luxemburg, Irland, Frankreich, Italien, Spanien, Tschechien, Ungarn sowie in Russland durch.

Stéphane Etrillard hat in der Trainer-, Coaching- und Speakerszene seit Jahren eine Ausnahmestellung: er gilt als eine der profiliertesten und geachtetsten Persönlichkeiten der Weiterbildungsbranche, ist und bleibt dennoch ein absoluter Grenzgänger. Er wurde schon als „Meister der leisen Töne" bezeichnet, dennoch scheut er sich nicht, manchmal eindeutig Position zu beziehen und klare Worte zu sprechen.

Er wird von der Presse aufgrund seiner Expertise oft angefragt, ist gerne gesehener Gast bei Talkrunden und Podiumsdiskussionen. Vielen ist er auch aus Fernseh- und Rundfunkinterviews bekannt.

Jedes Jahr organisiert er „Masterclasses" und „Masterclasses for Professionals", in denen er sein originäres Knowhow an Unternehmer, Manager, Nachwuchskräfte sowie die neue Generation der Weiterbildungsbranche in komprimierter Form weitergibt.

Viele Persönlichkeiten des öffentlichen Lebens, mit denen er nicht wirbt oder nicht werben darf, ließen sich in den letzten 20 Jahren von ihm coachen.

In seinen Masterclasses steht Stéphane Etrillard seinen Klienten mit all seiner Expertise mit Rat und Tat zur Seite. Sie erfahren bewährte und praxiserprobte Strategien, die in keinem Buch stehen und die ihnen sonst niemand verraten würde.

Bereits seit vielen Jahren berät er auch Trainer, Coaches, Speaker zu Marketing- und Positionierungsthemen. Für alle Einzelunternehmer und Freiberufler, die richtig durchstarten wollen und sich als Erfolgsmarke langfristig positionieren möchten, hat er das Coaching-Programm „Unwiderstehlichkeitscoaching oder wider die Logik des Scheiterns©" entwickelt. – Dieses Erfolgscoaching wendet sich an Freiberufler, Berater, Coaches, Speaker, etc., die erfolgreich werden und bleiben wollen und vor allem mit Leistungen am Markt auftreten wollen, die auch gekauft werden.

www.etrillard.com

Woran erkennen Sie persönlich, dass Sie eine gute Führungskraft sind?

Die Qualität meiner Führungsarbeit können in erster Linie meine Mitarbeiter beurteilen. Wenn ich spüre „Wir verstehen uns", dann werte ich das als Erfolgserlebnis. Schließlich kommt es darauf an, sich nicht an Missverständnissen oder Nebensächlichkeiten aufzureiben, sondern die Sache fokussiert anzugehen. Und wenn verschiedene Menschen ihre speziellen Fähigkeiten einsetzen, um ein Ziel zu erreichen, ist das immer wieder eine schöne Erfahrung.

Ein guter Indikator dafür, ob eine Führungskraft ihre Arbeit gut ausfüllt, ist das Vertrauensverhältnis unter allen Beteiligten. Wenn ich spüre, dass man mir vertraut und mich auch persönlich wertschätzt, ist das eine sehr gute Grundlage für eine gute Zusammenarbeit.

Was sind für Sie die wichtigsten Bestandteile guter Führung?

Führungsarbeit setzt sich aus vielen Facetten zusammen. Die Kommunikation ist dabei ein entscheidendes Element, von dem vieles abhängt: wie viele Missverständnisse und Fehler auftreten, wie häufig es zu Konflikten kommt und ob sie geklärt werden und vieles mehr. Letztlich ist die Leistungsfähigkeit nicht nur des einzelnen Mitarbeiters, sondern die des gesamten Unternehmens vom internen Kommunikationsstil abhängig. Und an dieser Stelle ist es die Aufgabe von Führungskräften, mit gutem Beispiel voranzugehen und im wahrsten Sinne des Wortes den Ton anzugeben.

Wie haben Sie zu Ihrem unverwechselbaren Führungsstil gefunden?

Das Zusammenspiel von Kommunikation und eigener Persönlichkeit betrachte ich schon seit langer Zeit als grundlegend. Meine Erkenntnis ist, dass die eigene Persönlichkeit die stabilste Basis für jede Art von Erfolg darstellt. Deshalb ist es für jede Führungskraft lohnend, daran zu arbeiten.

Welchen Stellenwert haben die Themen Soft Skills und emotionale Intelligenz in Ihrem Führungsstil?

Bei der Führungsarbeit geht es um Menschen. Und ich kann andere Menschen nur führen, wenn ich sie und ihre Gedankengänge tatsächlich verstehe und mich selbst verständlich mache. Ohne Soft Skills und emotionale Intelligenz ist das schlichtweg nicht möglich. Beides hat für mich daher den höchsten Stellenwert.

Wie viel menschliche Nähe ist zwischen Führungskraft und Mitarbeitern möglich, wie viel Distanz nötig?

Wir verbringen oft weit mehr Zeit mit Kollegen und Mitarbeitern als mit Freunden, der Partnerin oder dem Partner. Das bringt selbstverständlich auch große Nähe mit sich. Im Beruf, unter Druck und in allen Stresssituationen treten zudem menschliche Marotten recht stark zutage. Damit müssen alle Beteiligten umgehen können. Nähe in Geschäftsbeziehungen ist gut, wichtig ist nur, dass Grenzen – beispielsweise zum Privatleben – gezogen werden. Alle, Führungskräfte und ihre Mitarbeiter, brauchen auch ihre Freiräume und Zeiten, in denen Distanz zum Arbeitsgeschehen besteht.

Wie lautet Ihr ultimativer Führungstipp?

Es ist sehr, sehr hilfreich, wenn eine Führungskraft ein Bewusstsein dafür entwickelt, wie und wodurch sie auf andere Menschen wirkt. Schon dieses Bewusstsein kann dazu beitragen, das eigene Auftreten und damit auch das alltägliche Miteinander erheblich zu verbessern.

Souverän kommunizieren, souverän führen

Die Zahl der Aufgaben, die Führungskräfte zu bewältigen haben, ist in den vergangenen Jahrzehnten eindeutig gestiegen. Neben der administrativen Arbeit sind moderne Führungskräfte Beziehungsmanager, Konfliktlöser, Motivator, Kommunikationsexperte und Sinnstifter in einer Person. Dadurch gewinnen die rhetorischen Fähigkeiten, das persönliche Auftreten und die ganze Persönlichkeit immer mehr an Bedeutung. Selbst eine fachlich hochqualifizierte Führungskraft wird heute kaum noch erfolgreich agieren können, wenn sie den Ansprüchen an ihre Persönlichkeit nicht gerecht werden kann. Wem die nötige Souveränität im Kontakt und im Dialog mit Kunden, Kollegen und Mitarbeitern fehlt, wird an diesen Stellen kaum eine positive Wirkung erzielen. Die Folgen sind geringe Akzeptanz, fehlendes Durchsetzungsvermögen und fehlende Anerkennung bis hin zur Unbeliebtheit – unter solchen Voraussetzungen wird es nicht möglich sein, Mitarbeitern den Sinn ihres Handelns und eines hohen Engagements zu verdeutlichen.

Die Zahlen sprechen für sich: 67 Prozent der deutschen Arbeitnehmer machen laut der aktuellen Gallup-Umfrage nur Dienst nach Vorschrift, 17 Prozent haben gar innerlich gekündigt und sieben von zehn beklagen, am Arbeitsplatz „nicht als Mensch" behandelt zu werden. Das Engagement sinkt damit seit Jahren: Unterm Strich arbeiten mehr als 5,4 Millionen Menschen nur das Nötigste oder sabotieren gar die eigene Firma. Die alarmierenden Ergebnisse fallen auf Führungskräfte zurück, denen es nicht gelingt, ihre Aufgabe als sinnstiftende Führungspersönlichkeit zu erfüllen. Dementsprechend hat sich die Erkenntnis durchgesetzt, dass der berufliche und somit auch der wirtschaftliche Erfolg in höchstem Maße von der Persönlichkeit beeinflusst werden. Und das gilt insbesondere für Führungskräfte, die schließlich im Fokus der Aufmerksamkeit stehen. Selbst kleinere Unachtsamkeiten können hier unerwünschte Kettenreaktionen auslösen. Damit entscheiden heute längst nicht mehr nur die rein fachlichen Fähigkeiten und Qualifikationen über das berufliche Vorwärtskommen. Die Wirkung der eigenen Persönlichkeit, der souveräne Auftritt und der gekonnte Umgang mit heiklen zwischenmenschlichen Situationen sind von gleich hoher Bedeutung. – Nur wird diesen Faktoren noch immer zu wenig Aufmerksamkeit geschenkt. Viele Führungskräfte sind sich ihrer persönlichen Wirkung oft nicht einmal bewusst. Und wer seine Wirkung auf seine Mitarbeiter nicht einschätzen kann, wird auch nicht in der Lage sein, das interne Geschehen im eigenen Sinne zu beeinflussen und unter Kontrolle zu behalten.

Führungskräfte sind für den Kommunikationsstil im Unternehmen verantwortlich

An welcher Stelle kann ein Unternehmen also ansetzen? Die Antwort ist einfach: bei den Führungskräften. Die Führungskräfte sind letztlich Begleiter und Trainer ihrer Mitarbeiter auf dem Weg zum Ziel. Ihre Aufgabe ist es deshalb, mit gutem Beispiel voranzugehen. Schließlich geben die Führungskräfte im Unternehmen den Ton an, was hier wortwörtlich verstanden werden darf. Zudem sind Gespräche der Dreh- und Angelpunkt des sozialen Miteinanders, gerade auch im Berufsalltag. Die Bandbreite der alltäglich vorkommenden Gespräche reicht dabei vom entspannten Small Talk, über Mitarbeiter- und Kundengespräche bis hin zu einer knallharten Verhandlung mit Geschäftspartnern. So unterschiedlich diese Gespräche auch sind, die Faktoren, die zu ihrem Gelingen beitragen, sind letztlich immer die gleichen. Dabei denken viele Menschen vorrangig an bestimmte rhetorische Kunstgriffe, mit denen sie einen Gesprächserfolg herbeiführen können. Doch an erster und wichtigster Stelle stehen zunächst Sie selbst, denn Ihre Persönlichkeit prägt in hohem Maße Ihren Kommunikationsstil und hat damit auch großen Einfluss auf die Erfolgsaussichten Ihrer Gespräche. Die Auseinandersetzung mit der eigenen Persönlichkeit steht daher an erster Stelle, wenn es darum geht, erfolgreich zu kommunizieren.

Dementsprechend sagt Ihr Kommunikationsstil auch sehr viel über Ihre Persönlichkeit aus, sodass Sie mit jedem Gespräch immer auch sehr viel von sich selbst offenbaren. Ihre Mitarbeiter leiten aus Ihrem Kommunikationsverhalten Ihre persönlichen Eigenschaften, Vorzüge, Stärken und auch Schwächen oder Defizite ab, machen sich auf diese Weise ein Bild von Ihrer Persönlichkeit. Ein guter Kommunikationsstil ist also auch ein persönliches Aushängeschild und vielfach genau der Faktor, der über den weiteren Verlauf einer Karriere entscheiden kann.

Die Aufgabe von Führungskräften besteht in erster Linie darin, die individuellen Fähigkeiten und Bedürfnisse ihrer Mitarbeiter und Teams zu verstehen und sie für das Unternehmen optimal nutzbar zu machen. Deshalb bestehen 80 Prozent der Arbeit einer Führungskraft aus Kommunikation. Als Führungskraft können Sie also nur dann erfolgreich agieren, wenn Sie selbst über ausgeprägte Kommunikationsfähigkeiten verfügen.

Ohne eine gekonnte Kommunikation ist es schlichtweg nicht möglich, geschäftliche Beziehungen zu Kunden, Lieferanten und vor allem zu den eigenen Teams und Mitarbeitern zum Vorteil des Unternehmens zu pflegen. Doch genau an dieser Stelle hapert es bei allzu vielen Führungskräften. Manche Führungskräfte verstehen unter Kommunikation vor allem, möglichst viel zu sprechen – sie vergessen dabei jedoch das Zuhören, das eine erfolgreiche Kommunikation ausmacht. Oder sie geben nur Arbeitsanweisungen und glauben, damit ihre Aufgabe erfüllt zu haben. Beide Annahmen sind falsch.

Als Folge dieses Irrtums bemerken viele Führungskräfte nicht, was von anderen tatsächlich gesagt wird, und beachten noch weniger die oft noch aufschlussreicheren körpersprachlichen Signale ihrer Mitarbeiter. So wird die Chance vergeben, wirklich herauszufinden, was im Unternehmen vor sich geht. Damit scheitert auch der Versuch, andere Menschen und ihre Interessen zu verstehen, sich in sie hineinzuversetzen und auf sie einzugehen. Das alles führt zu einem insgesamt wenig souveränen Auftreten und vermindert die Qualität der gesamten Führungsarbeit.

Kommunikationsfähigkeit ist und bleibt eine Schlüsselkompetenz

Das sind die Gründe dafür, warum soziale Kompetenzen und ein geschickter Einsatz der eigenen Persönlichkeit mitsamt einer souveränen Kommunikation heute immer wichtiger für den beruflichen Erfolg werden. Ob nun im Gespräch, bei Präsentationen und Verhandlungen oder einfach im Berufsalltag: Wer einen souveränen Auftritt aufs Parkett legt, erfolgreich kommuniziert, andere überzeugt und ihnen zuhört, strahlt Sicherheit und Vertrauenswürdigkeit aus. Das ist es, was von einer Führungskraft erwartet wird.

Führungskräfte sind in vielen Fällen der erste Ansprechpartner für ihre Mitarbeiter und häufig auch für Kunden. Es erfordert viel Geschick, hierbei allen Anforderungen gerecht zu werden. Und unbefriedigend verlaufende Gespräche sind immer ein Manko, das Risiken birgt und destruktive Prozesse in Gang setzen kann. Denn missglückte Kommunikation, unbefriedigend verlaufende Gespräche, unverständliche Anweisungen etc. verursachen Demotivation, Unzufriedenheit und nicht zuletzt Kosten! Demzufolge hängen die Motivation und die Zufriedenheit der Mitarbeiter in erheblichem Maße vom Führungsstil ihrer Vorgesetzten ab. Deshalb ist das Gespräch eines der wichtigsten Werkzeuge für alle Führungskräfte.

Eine Führungskraft, die um die Bedeutung des eigenen Kommunikationsverhaltens weiß, kann ihre primären Führungsaufgaben besser bewältigen. Denn eine effektive Kommunikation ist die Grundlage des Unternehmenserfolges. Die Zufriedenheit, die Motivation und die Leistungsfähigkeit der Mitarbeiter werden erhöht, die Zusammenarbeit und die Teambildung werden gefördert, Missverständnisse und Konflikte werden vermieden. So wird der gesamte Arbeitsprozess mithilfe einer guten Kommunikation optimiert.

Kommunikationsstörungen treten in erster Linie deshalb auf, weil es im täglichen Umgang an Menschenkenntnis, sprich Einfühlungsvermögen fehlt. Wenn Sie nicht wissen, wie Sie und Ihre Worte auf andere wirken, kann die Kommunikation nicht gelingen. Das erste Ziel einer effektiven Kommunikation ist dabei stets die Verständigung. Und schon das hat seine Tücken. Sie haben es sicher schon selbst erlebt, dass Sie vom Gesprächspartner missverstanden wurden, dass Sie aneinander vorbeigeredet haben. Es kommt eben nicht darauf an, was Sie sagen, sondern wie es beim Gesprächspartner ankommt. Das gilt insbesondere für angespannte Situationen, wie sie im Beruf häufig vorkommen.

Die Kunst der Kommunikation ist daher, etwas so zu sagen, dass die Worte wie gewünscht beim Gesprächspartner ankommen. Doch geht die Fähigkeit einer bewussten Kommunikation im Trubel des Unternehmensalltags schnell verloren. Versuchen Sie daher in Ihren Gesprächen gleich mitzudenken, wie Ihre Worte wohl auf den anderen wirken werden. So verhindern Sie Missverständnisse und erleichtern das gegenseitige Verstehen.

Schon das hilft enorm dabei, die Kommunikation im Unternehmen zu verbessern. In Anbetracht der modernen Märkte sind flexible, schnelle und eigenständig handelnde Mitarbeiter gefragt, die mit Ihnen zusammen ein gemeinsames Ziel verfolgen. Genau dafür benötigen Sie ein optimiertes Kommunikationsverhalten, das Informationsverluste, Missverständnisse und Konfliktpotenziale weitgehend ausschließt und stattdessen zu einem Miteinander ansport. Mit dem erforderlichen Bewusstsein über die Bedeutung und Wirkung von Kommunikation haben Sie die Möglichkeit, die Kommunikation in Ihrem Unternehmen zu einem wichtigen Renditefaktor zu machen und durch effektive Gespräche die Produktivität zu steigern.

Worauf es bei Mitarbeitergesprächen ankommt

Eine der häufigsten und auch wichtigsten Gespräche im Unternehmen sind Mitarbeitergespräche, die zu sehr unterschiedlichen Anlässen geführt werden. In allen Fällen dienen diese Gespräche dazu, einen Sachverhalt zu klären. Dazu passt eine Anekdote aus der „Anleitung zum Unglücklichsein" von Paul Watzlawick, die Sie vielleicht schon kennen: Ein Mann will ein Bild aufhängen. Er hat einen Nagel, aber keinen Hammer. Doch er weiß, der Nachbar hat einen. Also beschließt der Mann, hinüberzugehen und den Hammer auszuborgen. Doch plötzlich kommen ihm Zweifel: Was, wenn der Nachbar mir den Hammer nicht leihen will? Gestern schon grüßte er mich nur so flüchtig. Vielleicht war er in Eile. Aber vielleicht war die Eile nur vorgetäuscht, und er hat etwas gegen mich. Aber was? Ich habe ihm nichts angetan; der bildet sich da etwas ein. Wenn jemand von mir ein Werkzeug borgen wollte, ich gäbe es ihm sofort. Und warum tut er das nicht? Wie kann man einem Mitmenschen einen so einfachen Gefallen abschlagen? Leute wie dieser Kerl vergiften einem das Leben. Und dann bildet er sich noch ein, ich sei auf ihn angewiesen. Bloß weil er einen Hammer hat. Jetzt reicht es mir wirklich. – Der Mann stürmt also hinüber und läutet, der Nachbar öffnet, doch bevor er irgendetwas sagen kann, schreit ihn unser Mann an: „Behalten Sie Ihren Hammer, Sie Rüpel!"

Nun ist diese Parabel natürlich stark überzogen, sie zeigt jedoch, was wir aus unserem Alltag kennen: Ohne klärende Gespräche neigen wir dazu, Mutmaßungen anzustellen und eigene Gedanken in den anderen hineinzuprojizieren. Gespräche dienen also auch dazu, Missverständnissen vorzubeugen und die Dinge klarzustellen. Oft sind wir nach einem Gespräch vielleicht sogar überrascht, dass sich ein Sachverhalt ganz anders verhält als zunächst angenommen.

Ganz gewiss führen Sie täglich und laufend Gespräche mit Ihren Mitarbeitern. Doch der Fokus liegt hierbei in der Regel auf konkrete Sachaufgaben hinsichtlich aktueller Arbeitsabläufe. Im Arbeitsalltag bleiben bekanntlich viele Meinungen und Positionen unausgesprochen, noch mehrere bleiben ungehört. Echte Mitarbeitergespräche (die aus gegebenem Anlass, im Rahmen von regelmäßigen Gesprächen oder aus besonderen Gründen geführt werden) verfolgen daher weitergehende Ziele. Hier wird ein vom Arbeitsalltag losgelösten Raum geschaffen, in dem die Beziehungen zwischen Mitarbeitern und Vorgesetzten vertieft werden können. Eine gute, also effektive Führungskraft versteht es hierbei, die Möglichkeit zu nutzen, um zu verstehen, wo ein Mitarbeiter steht, was ihn motiviert oder was eine Leistungseinschränkung verursacht. Das strukturierte Mitarbeitergespräch bietet für den Mitarbeiter die Gelegenheit, seine Probleme und Bedürfnisse zu schildern. Dadurch erhält der Vorgesetzte Ansatzpunkte, um optimale Arbeitsbedingungen unter Berücksichtigung der Mitarbeiterbedürfnisse zu schaffen. In der täglichen Kommunikation werden vor allem die dringenden, akuten Punkte des Arbeitsgeschehens besprochen, alles andere – was auch wichtig, für den Moment jedoch nicht essentiell ist – bleibt vorerst unausgesprochen. Was eine fehlende Aussprache bewirken kann, demonstriert bspw. die obige Geschichte mit dem Hammer.

Kennzeichen eines Mitarbeitergesprächs

» Einige grundsätzlichen Merkmale bilden die Grundlage für ein erfolgreiches Mitarbeitergespräch. Achten Sie bei allen Mitarbeitergesprächen darauf, dass die folgenden Rahmenbedingungen eingehalten werden.

» Das Gespräch findet zwischen dem Mitarbeiter und seinem direkten Vorgesetzten und immer unter vier Augen statt. Während des Gesprächs werden sämtliche Störungen und Unterbrechungen von außen vermieden.

» Im Mitarbeitergespräch wird eine Vertrauensbasis aufgebaut. Dazu gehört auch, dass sämtliche Inhalte des Gesprächs vertraulich behandelt werden, solange eine Weitergabe von Gesprächsinhalten nicht ausdrücklich vereinbart wird.

» Mitarbeitergespräche werden in der Regel vorangekündigt, es wird also ein bestimmter Termin für das Gespräch vereinbart. Beide Parteien erhalten so die Gelegenheit, sich auf die Unterredung möglichst gründlich vorzubereiten.

» Mitarbeitergespräche werden in regelmäßigen Abständen durchgeführt, zum Beispiel jährlich. Größere Zeitabstände sind wenig sinnvoll, da sich ansonsten zu viele Themen ansammeln. Auch ist der Jahresturnus deshalb günstig, weil dies der geeignete Zeitpunkt ist, um eine Überprüfung von Vereinbarungen (aus dem letzten Gespräch) vorzunehmen.

» Bei Mitarbeitergesprächen ist jeglicher Zeitdruck zu vermeiden und immer genügend Zeit einzuplanen. Meistens sind ein bis zwei Stunden ausreichend. Starre Vorgaben sind hierbei nicht hilfreich. – Bei einigen Gesprächspartnern ist nach 45 Minuten alles gesagt, andere benötigen weitaus mehr Zeit. Zu berücksichtigen ist immer, dass vor dem Gespräch womöglich nur einige Punkte für besprechungswürdig gehalten werden, während sich im Verlauf dann zeigt, dass durchaus zusätzlicher Gesprächsbedarf besteht.

» Gerade die Versprechen und Zusagen, die in Mitarbeitergesprächen gegeben werden, sind unbedingt einzuhalten. Getroffene Vereinbarungen müssen also hinsichtlich ihrer Realisierung überprüfbar sein und rück-blickend erneut thematisiert werden.

Ein Mitarbeitergespräch ist darauf ausgerichtet, die Zusammenarbeit im Un-ternehmen, speziell auch die zwischen Vorgesetztem und Mitarbeiter, nach-haltig zu verbessern und eine optimale Leistungsfähigkeit auf beiden Seiten zu erzielen. Indem wir unserem Gesprächspartner zuhören, bekommt dieser die Gelegenheit, seine Meinung zu äußern – dadurch wird Missverständnissen und den daraus resultierenden kontraproduktiven Verhaltensweisen vorge-beugt. Das Mitarbeitergespräch trägt dazu bei,

» die im Vorjahr definierten Ziele zu besprechen und zu überprüfen. Damit der Mitarbeiter weiß, wo er steht.

» das Potenzial der Mitarbeiter zu analysieren, Aufgabenbereiche für die Mitarbeiter zu finden, die ihren Fähigkeiten entsprechen und ggf. Förder-maßnahmen zielgerichtet einzusetzen.

» das Gegenüber besser kennen zu lernen und eine Vertrauensbasis zwischen Vorgesetzten und Mitarbeitern aufzubauen.

» die Motivation des einzelnen Mitarbeiters zu fördern.

» ein insgesamt verbessertes Arbeitsklima zu schaffen, um so lästige Reibungsverluste einzuschränken.

» den Informationsfluss zu überprüfen und Informationen zu vermitteln

» Feedback auf erbrachte Leistungen zu geben.

» bei komplexen Sachverhalten, Vorschläge gemeinsam zu entwerfen.

» künftige Ziele zu erarbeiten und festzulegen.

» den Handlungs- und Verantwortungsspielraum eines Mitarbeiters abzustecken. Dadurch erfährt der Mitarbeiter, in welchem Rahmen er selbstständig agieren kann.

» dem Mitarbeiter Wertschätzung und Anerkennung auszusprechen und auch konstruktive Kritik zu äußern. (Achtung: Beides sollte in getrennten Gesprächsabschnitten, jedenfalls niemals in ein und demselben Satz geschehen.)

» die Kommunikation zu optimieren!

Woran Mitarbeitergespräche scheitern können

Wo Menschen im Gespräch zusammenkommen, können immer auch Probleme auftreten. Sich diesen Problemen zu stellen, ist dabei immer konstruktiver, als Schwierigkeiten aus dem Weg zu gehen und Dinge unter den Teppich zu kehren. Ein Totschweigen trägt so gut wie nie zur Problemlösung bei. Doch auch wenn eine grundsätzliche Bereitschaft zur Kommunikation vorhanden ist und die Regeln der guter Kommunikation befolgt werden, birgt ein Mitarbeitergespräch dennoch einige Problemfelder:

» Wenn Ärger, Frustration und andere negative Faktoren beteiligt sind, bleibt kein Platz für eine Vertrauen schaffende Atmosphäre. Sind die Beziehungen zwischen Vorgesetztem und Mitarbeiter im höchsten Maße zerrüttet, kann hier auch ein Mitarbeitergespräch die Wogen nicht gänzlich glätten.

» Die Erwartungen an ein Mitarbeitergespräch dürfen nicht überzogen sein. Das Wirkungsfeld eines Gesprächs hat auch seine Grenzen. Ist ein Mitarbeiter seinem Aufgabenbereich tatsächlich nicht gewachsen, wird auch eine Thematisierung im Gespräch wenig daran ändern. Mit einem Mitarbeitergespräch kann lediglich analysiert werden, welches die Ursachen, was die echten Hintergründe für eine Situation sind – wenn nun ein Mitarbeiter völlig überfordert ist, kann mit den Mitteln der Kommunikation nichts bewirkt werden.

» Das Mitarbeitergespräch ist für beide Seiten eine Art Bestandsaufnahme. Bei der Analyse ist Fingerspitzengefühl gefragt. Ein aufmerksamer Zuhörer wird bspw. gut unterscheiden können, wo akuter Handlungsbedarf besteht und wo nicht. Dringende Probleme – die, die einem Mitarbeiter wirklich unter den Nägeln brennen – haben immer Vorrang. Werden solche im Gespräch erkennbar, ist rasche Abhilfe erforderlich. Ansonsten kann beim Mitarbeiter schnell der Eindruck entstehen: „Es ändert sich ja doch nichts."

» Bei allen Vereinbarungen, die getroffen werden, wird die eigene Glaubwürdigkeit infrage gestellt, wenn keine konkreten Handlungen erkennbar werden. Es muss feststellbar sein, dass sich etwas geändert hat.

» Wenn spezifische Ziele vereinbart wurden, muss die Führungskraft die für die Umsetzung erforderliche Unterstützung leisten.

» Viele Mitarbeiter beklagen eine mangelnde Sensibilität ihrer Vorgesetzten im Mitarbeitergespräch. Hier zeigt sich einmal mehr, dass ein Mitarbeitergespräch unbedingt vom Alltagsgeschehen abzukoppeln ist und dass Zeit, Ruhe und Aufmerksamkeit wichtige Voraussetzungen sind. Ein längeres Gespräch wird für jeden Mitarbeiter zur Tortur, wenn ein ruppiger Umgangston angeschlagen wird. Positive Effekte können so nicht erzielt werden.

» Unbedingt ist darauf zu achten, dass keine unsinnigen Zielvereinbarungen getroffen werden. Ziele müssen realistisch und tatsächlich relevant sein, sie müssen von beiden Seiten in gleicher Weise akzeptiert werden.

» Mögliche Ziele dürfen nicht von vornherein feststehen, sondern sollten im Gespräch erarbeitet werden.

» Jeder Mitarbeiter benötigt für ihn persönlich erkennbare Perspektiven, die sich aus seiner Leistung oder den Leistungszielen ergeben.

Mitarbeitergespräche sind eines der wichtigsten Führungsinstrumente überhaupt. Sie sind eine sinnvolle Ergänzung zur alltäglichen Kommunikation, die zumeist von Eile, Sachproblematiken und Arbeitsdruck geprägt ist. Eine intensive Auseinandersetzung mit den Interessen, Bedürfnissen und Anliegen der Mitarbeiter ist in der Betriebsamkeit des Alltags oft kaum möglich.

Im Mitarbeitergespräch wird die Beziehung zwischen Mitarbeitern und Vorgesetzten gepflegt. Die Gesprächspartner erhalten hier die Möglichkeit eines gegenseitigen Feedbacks, wodurch auch festgefahrene Kommunikationsmuster und Konflikte erkennbar werden. Auf dieser Grundlage lassen sich, im Rahmen einer Vereinbarung, korrigierende Maßnahmen gemeinsam einleiten und starre Muster aufbrechen. Dadurch wird das Arbeitsklima sowie die Gesamtatmosphäre entscheidend verbessert und oft eine Leistungssteigerung erzielt.

Der Erfolg von Mitarbeitergesprächen hängt immer von den Teilnehmern selbst ab. Sind die Gesprächspartner gleichermaßen überzeugt von den Möglichkeiten, die ein Mitarbeitergespräch bietet, lassen sich die gewünschten Ziele umso einfacher erreichen. Das Mitarbeitergespräch ist ein Instrument, mit dem die Chance verbunden ist, das eigene Agieren über die alltäglichen Einzelaktivitäten hinaus, rückblickend zu reflektieren. Wichtig ist, dass die Gesprächspartner das Gespräch nicht als zusätzliche Bürde empfinden. Die Voraussetzung ist vielmehr, dass der beidseitige Wille besteht, Vertrauen aufzubauen oder zu verstärken und notwendige Veränderungen gemeinsam anzugehen.

Nicht die Anwendung bestimmter Gesprächstechniken ist entscheidend für den Erfolg von Mitarbeitergesprächen, vielmehr ist es hauptsächlich die Bereitschaft zu einem offenen und kooperativen Gespräch. Auch heikle Themen sollten dabei nicht umgangen werden. Vielmehr können festgefahrene und starre Verhaltensweisen mithilfe des Gesprächs aufgebrochen werden. In der speziellen Atmosphäre eines persönlichen Dialogs, sind meistens beide Gesprächspartner bereitwilliger, Kritik anzunehmen und neue Impulse umzusetzen.

Deshalb sind regelmäßige Mitarbeitergespräche überaus hilfreich. Doch auch unabhängig von den regelmäßigen Gesprächen gehört es zur Aufgabe von

Führungskräften, immer dann, wenn ein Mitarbeiter ernsthaft um ein persönliches Gespräch bittet, die Gelegenheit wahrzunehmen. Es ist immer ein gutes Zeichen, wenn Mitarbeiter das Gespräch mit Ihnen suchen.

Ungeklärte Konflikte vergiften das Betriebsklima und vermindern die Produktivität

Zwischenmenschliche Interaktion und Kommunikation verläuft nicht immer reibungslos. Im Gegenteil: Gegensätzliche oder voneinander abweichende Meinungen sind ein ganz normaler Bestandteil des Miteinanders. Auch Konflikte sind normal und keineswegs etwas, was es unter allen Umständen zu vermeiden gilt. Denn Konflikte haben durchaus auch ihren Sinn. Es kommt jedoch in entscheidendem Maße darauf an, wie man mit Meinungsverschiedenheiten und Konflikten umgeht. An dieser Stelle sind wieder Sie als Führungskraft gefragt. Ihre Aufgabe ist es, schwelende Konflikte zu erkennen und eine konstruktive Lösung des Problems herbeizuführen.

Als Führungskraft stehen Sie in der Verantwortung, den Umgang mit Konflikten und Auseinandersetzungen positiv zu beeinflussen, um negative Folgen eines unangemessenen Austragens von Konflikten auszuschließen. Zu diesem Zweck ist es notwendig, grundlegende Merkmale von Konflikten zu kennen und Maßnahmen zur Konfliktbewältigung in die Gesprächsführung und die Kommunikation allgemein einfließen zu lassen.

Wie Konflikte entstehen und was Sie dagegen unternehmen können

Ungeklärte Konflikte unter Mitarbeitern können dem Unternehmen und Ihnen persönlich schaden. Dabei sind nicht die Konflikte selbst das Problem, vielmehr sind es die unprofessionellen Umgangsweisen mit Konflikten. Denn bleiben Konflikte auf Dauer unerkannt und ungelöst, wirkt sich dies immer ungünstig auf das gesamte (Arbeits-)Umfeld aus. Nicht selten schwelen Konflikte erst einmal eine Weile unter der Oberfläche und verbrauchen dabei Energien, die an anderer Stelle fehlen. Manche Menschen können solche Zustände erstaunlich lange ertragen, andere explodieren schon nach kurzer Zeit sehr heftig, um den angestauten Druck zu entladen. In jedem Falle wird das Arbeitsklima durch ungelöste Konflikte beeinträchtigt und schweren

Belastungen ausgesetzt. Und das gilt nicht nur für die Stimmung bei den Konfliktparteien selbst, sondern gleichermaßen für deren Umfeld. Entbrennt schließlich ein (offener) Konflikt zwischen den unmittelbar Beteiligten, sind in fast allen Fällen auch weitere Kollegen oder Mitarbeiter involviert. Auf diese Weise kann es im Extremfall zu Leistungseinschränkungen von ganzen Abteilungen kommen.

Die Auswirkungen zwischenmenschlicher Konflikte sind dabei sehr vielfältig: Da wird bewusst getäuscht und verzerrt oder auch gezielt irreführend kommuniziert und informiert. Die Betroffenen nehmen außerdem verstärkt wahr, worin man sich unterscheidet und wo die Unvereinbarkeiten liegen. Die Gemeinsamkeiten treten in den Hintergrund oder verschwinden ganz. Misstrauen, Argwohn und sogar offene Feindseligkeit bestimmen das Miteinander. Und statt zu kooperieren, arbeitet jeder nur für seine eigenen Interessen.

Konflikte sind immer von Gefühlen begleitet, die sich jedoch meistens nicht in ihrer tatsächlichen Gestalt zeigen. Konflikte sind daher in der Regel emotional sehr belastend, sowohl für die direkten Kontrahenten als auch für die nur mittelbar Beteiligten wie Kollegen, Führungskräfte, Mitarbeiter und auch das private Umfeld. Das kann erhebliche Beeinträchtigungen mit sich bringen, die sich oft gleich auf mehreren Gebieten bemerkbar machen: Die persönliche Verfassung der Betroffenen, die Beziehungen der Beteiligten untereinander und zu anderen Mitgliedern der Gruppe bzw. zum Vorgesetzten, das Arbeitsklima und die Arbeitsabläufe werden mehr oder weniger stark in Mitleidenschaft gezogen. All dies hat letztlich negative Auswirkungen auf die Arbeitsergebnisse, sodass es im Interesse einer jeden Führungskraft liegt, Konflikte konstruktiv und nachhaltig zu lösen. Eine bewusste und gezielte Gesprächsführung ist hierfür unerlässlich und zugleich das Wichtigste Instrument, um einen Konflikt zu klären!

Zu beachten ist jedoch, dass es nicht darum geht, Konflikte gänzlich auszuschließen und unbedingt zu verhindern. Entscheidend ist es, Konflikte erkennen, akzeptieren und anschließend bewältigen zu können. Denn Konflikte erfüllen auch ihren ganz eigenen Zweck.

» Konflikte machen es möglich, dass Unterschiede in den Ansichten, Meinungen, Zielsetzungen etc., die zweifellos immer vorhanden sind, akzeptiert und deutlich gemacht werden. Die konstruktive Verarbeitung von Konflikten ermöglicht es außerdem, fruchtbare Impulse aus diesen Unterschieden zu erhalten.

» In Konflikten spiegelt sich die reale Komplexität menschlicher Bedürfnisse und Bedingungen wider. Sie sind Ausdruck menschlicher Individualität und Differenziertheit. Konflikte machen die komplexe Vielfalt, die unser Leben ausmacht, sichtbar und nutzbar.

» Konflikte stellen Althergebrachtes und Bewährtes auf den Prüfstand und sind so wichtiger Impulsgeber für Veränderungsprozesse und Weiterentwicklungen, denn Veränderungen sind nicht selten das Ergebnis von Konflikten, in denen Neues gegen Altes durchgesetzt wird.

Für Konfliktlösungsstrategien ist es wichtig, sich über die verschiedenen Arten von Konflikten im Klaren zu sein. Wenn Sie diesen Aspekt vernachlässigen, ist es Ihnen nicht möglich, den wahren Kern der Auseinandersetzung zu erkennen. In der Folge kommt es bei Lösungsversuchen dann häufig nur zu Schein-Lösungen oder im Extremfall sogar zu einer Verschärfung des Konflikts. Deshalb ist es wichtig, die Hauptunterscheidungen in den Konfliktarten zu kennen.

Sachkonflikte

In Sachkonflikten sind sich die Konfliktparteien uneinig darüber, mit welchen Mitteln oder Methoden ein Ziel am besten zu erreichen ist. Das Ziel selbst ist dabei unstrittig. Derartige Konflikte sind zunächst schnell als solche erkennbar. Es besteht jedoch die Gefahr, dass sich hinter einem vermeintlichen Sach-konflikt in Wahrheit ein Beziehungskonflikt verbirgt. Vordergründig geht es dann zwar um einen konkreten Sachverhalt, im Hintergrund wirken jedoch beispielsweise Machtkämpfe oder andere Beziehungsstörungen. Wenn zwischen zwei Parteien häufig Sachkonflikte auftreten, ist dies ein Hinweis darauf, dass dahinter eine Beziehungsstörung liegt und die Uneinigkeiten hinsichtlich einer bestimmten Sache nicht der wahre Grund für den Konflikt sind.

Die Wechselwirkungen zwischen den beiden Konfliktarten Sach- und Beziehungskonflikt sind zumeist sehr verzweigt: Aus Sachkonflikten entwickeln sich nicht selten Beziehungskonflikte, und Beziehungskonflikte werden oft verdeckt auf der Sachebene ausgetragen. Eine sorgfältige Entflechtung ist für eine Konfliktlösung zwingend notwendig. Handelt es sich um einen echten

Sachkonflikt, lässt sich dieser mit systematischen Problemlösungsmethoden klären.

Beziehungskonflikte

In Beziehungskonflikten geht es nicht um objektiv analysierbare Sachprobleme, sondern um das Gefüge der sozialen Beziehungen. Beziehungskonflikte entstehen dadurch, dass eine Gruppe oder ein Individuum andere missachtet, abwertet, kränkt oder verletzt. Die verletzenden Verhaltensweisen können dabei sowohl bewusst als auch unbewusst stattfinden und sind in ihrer Gestalt sehr vielfältig. Eine rein inhaltliche Auseinandersetzung mit einzelnen Vorfällen führt hier nicht zur Konfliktlösung, vielmehr müssen auf einer übergeordneten Ebene die Motive für die jeweiligen Verhaltensweisen lokalisiert werden. Gerade bei Beziehungskonflikten bewährt es sich, eine dritte Person zur Schlichtung einzuschalten. Ein solcher Mediator oder Streitschlichter vermittelt hierbei – ohne Partei zu ergreifen – zwischen den Streitenden unter Berücksichtigung der jeweils verschiedenen Interessenlage. Immer ist jedoch auch ein persönliches Engagement der kontrahierenden Parteien unerlässlich.

Wertkonflikt

Wenn persönliche Wertvorstellungen, Prinzipien oder Grundsätze verschiedener Parteien nicht miteinander vereinbar sind, liegt ein Wertkonflikt vor. Solche Konflikte treten verstärkt in bestimmten Branchen, bspw. im Gesundheitswesen, auf. Sie entstehen auch dann, wenn bestimmte Zielsetzungen nicht mit den gewählten Mitteln in Einklang gebracht werden können. Dann müssen Ziele, Methoden, Prinzipien und Vorstellungen grundsätzlich geklärt werden, um einen Konsens zu finden. Wertkonflikte können nicht systematisch oder durch persönliches Engagement gelöst werden wie Sach- oder Beziehungskonflikte. Sie erfordern einen Konsens oder die Entscheidung einer legitimierten Person oder eines solchen Gremiums (wie z. B. ein Ethik-Rat).

Innere Konflikte

Innere Konflikte entstehen häufig auf der Basis anderer Konfliktarten. Sach-, Beziehungs- oder Wertkonflikte verursachen dabei einen zusätzlichen Konflikt, einen sogenannten Suprakonflikt, der für die Betroffenen oft sehr quälend und eine zusätzliche Belastung ist. Auch Rollenkonflikte sind häufig Ursache für innere Konflikte. Derartige Konflikte lassen sich in der Regel nur dann lösen, wenn auch der entsprechende Basiskonflikt identifiziert und gelöst wird.

Die konkreten Ursachen für Konflikte sind sehr vielfältig. Und in der Regel wirkt nicht nur eine Ursache, sondern gleich ein ganzes Netz unterschiedlicher Ursachen und Auslöser. Konfliktursachen sind beispielsweise:

» unterschiedliche Wertvorstellungen
» schlechte Kommunikation
» Informationsdefizite
» intransparente Informationspolitik
» Organisationsdefizite
» Intoleranz
» Konfliktvermeidung statt Konfliktlösung
» Ungerechtigkeiten
» Inkonsequenz
» Entscheidungsschwäche
» Unter- und Überforderung
» Verantwortungsüberschneidungen
» Misstrauen
» persönliche Vorbehalte und Empfindlichkeiten
» Machtkämpfe
» Kompetenzgerangel
» Übersteigerter Ranganspruch
» Unaufmerksamkeit

Konflikte verlaufen oft nach ähnlichem Muster
Die Ursachen und Auslöser für Konflikte sind immer wieder verschieden und überdies oft sehr komplex. Dennoch gestaltet sich der Verlauf von Konflikten in der Regel sehr ähnlich. Eine genaue Kenntnis der einzelnen Verlaufsschritte hilft, Konflikte zu erkennen und Konfliktgespräche gezielt einzusetzen. Es lassen sich fünf Entwicklungsstufen beschreiben:

1. In der ersten Phase kristallisieren sich die Unterschiede in Wertvorstellungen, Interessen, Zielen etc. heraus und es finden Debatten und Diskussionen über die verschiedenen Standpunkte statt.

2. Die zweite Phase ist von Kontroversen geprägt. Diskussionen und Auseinandersetzungen verdeutlichen die Gegensätzlichkeit der Positionen. Nicht die Gemeinsamkeiten, sondern die Unterschiede werden in dieser Phase hervorgehoben. Die erkennbaren Differenzen verursachen negative

Emotionen wie Ärger, Wut oder Enttäuschung. In dieser Phase besteht jedoch noch eine konstruktive Grundhaltung, die davon ausgeht, dass die entstehenden Unstimmigkeiten und Spannungen lösbar sind.

3. In der dritten Phase beginnt die konflikthafte Entwicklung, die sich zum großen Teil in Kommunikationsstörungen zeigt. Die Positionen verhärten sich langsam, und das Klima wird deutlich gereizter. Die vorher noch bestehenden Gemeinsamkeiten treten in den Hintergrund, und die konstruktive Grundhaltung schwindet zunehmend.

4. Die lösungsorientierte Einstellung der Beteiligten ist in dieser Phase vollkommen verlorengegangen. Misstrauen und Argwohn beherrschen die Situation. Die eigene Meinung wird als die alleingültige und einzig richtige dargestellt, vollendete Tatsachen werden den anderen Beteiligten präsentiert und unter Umständen sogar Drohungen ausgesprochen. Ohne Rücksicht auf andere werden nur noch die eigenen Interessen und Ziele verfolgt. Der Konflikt eskaliert.

5. Der Konflikt befindet sich in dieser Phase auf dem Höhepunkt. Er ist weiter eskaliert und zu einer Art Kampf geworden. Die gegensätzlichen Positionen sind unverrückbar und werden rücksichtslos durchgesetzt, auch die Drohungen und Sanktionen werden jetzt in die Tat umgesetzt.

Der Grund dafür, dass Konflikte bis zur fünften Stufe eskalieren, ist häufig im Kommunikationsverhalten und in mangelnder sozialer Kompetenz zu finden. Dabei ist zu beachten, dass gerade Führungskräfte in einem Unternehmen diesbezüglich tonangebend sind. Mit ihrem eigenen Verhalten setzen sie nämlich Maßstäbe für die Mitarbeiter.

Führungskräfte wirken immer auch als Vorbild, und ihre Verhaltensweisen übertragen sich auf die Mitarbeiter. Eine Führungskraft, die dadurch überzeugt, dass Probleme und Konflikte sachlich, offen und konstruktiv erörtert werden, kann sich sehr sicher sein, dass eine solche Kommunikationsweise auch bei den Mitarbeitern Schule macht. Führungskräfte sind mit ihrem eigenen (Kommunikations-)Verhalten ganz entscheidend für das Konfliktverhalten der Mitarbeiter mitverantwortlich. Und ein bewusstes und konstruktives

Kommunikationsverhalten ist unverzichtbare Voraussetzung dafür, dass Konflikte bewältigt werden können.

Wie Sie Konflikte unter Mitarbeitern bewältigen oder ganz vermeiden

Damit keine negativen Folgewirkungen auftreten oder Konflikte gar eskalieren, führt kein Weg daran vorbei, den Konflikt konstruktiv mit den Beteiligten zu lösen. Das Leugnen oder Unterdrücken von Konflikten ist in jedem Falle kontraproduktiv. Doch sind viele Menschen regelrecht konfliktscheu, ihnen fehlen der Mut und die Entschlossenheit, Konflikte offen auf den Tisch zu legen und eine Lösung anzugehen. Andererseits sind sie jedoch auch nicht bereit, ihre Verärgerung abzuhaken und die Sache auf sich beruhen zu lassen. Das löst mitunter sehr heftige Emotionen aus: Frustration und ein Gefühl der Machtlosigkeit ebenso wie starke Verärgerung bis hin zur kochenden Wut können die Folgen sein. Konfliktfähigkeit ist deshalb eine der wichtigsten persönlichen Voraussetzungen für die Bewältigung von Konflikten.

Ein Konflikt eskaliert, wenn wirkungsvolle Gegenmaßnahmen zu spät (oder gar nicht) ergriffen werden. Ein gezieltes Entgegenwirken ist jedoch erst möglich, wenn Konflikte überhaupt erkannt werden. Für Konflikte gibt es nun einige mehr oder weniger deutliche Warnsignale, die bei hoher Aufmerksamkeit auch eine günstige „Früherkennung" zulassen. Diese erleichtert die anschließende Konfliktlösung erheblich. Bereits schwelende Konflikte lassen sich anhand von Warnsignalen gut erkennen.

» Verschlechterung der zwischenmenschlichen Beziehungen, unpersönliche und frostige Kommunikation, kühle Sachlichkeit;

» Verschlechterung der Gesprächskultur, gegenseitiges Ins-Wort-Fallen, aggressiver Unterton, Ironie und Sarkasmus;

» insgesamt feindselige, gereizte und aggressive Atmosphäre, Intrigen, Gerüchte, Ungeduld, gegenseitiges Anklagen, dass Probleme nicht verstanden werden, keine Einigung über Vorschläge und Probleme möglich, aggressive Argumentation, subtile Angriffe, Abfälligkeiten;

» Zurückhalten von Informationen oder „versehentliches Vergessen", Verdrehen der Beiträge anderer, Ideen anderer werden angegriffen, bevor sie überhaupt ganz ausgesprochen sind;

» gezieltes Suchen nach Problem und Hindernissen, Parteiergreifen, Nachgeben verweigern, Vorwürfe, Schuldzuweisungen;

» deutlich ansteigende Krankheits- und Fehlzeiten;

» Dienst nach Vorschrift, Desinteresse, mangelnde Kooperation und fehlendes Engagement;

» fehlende oder geringe Verantwortungsbereitschaft, Passivität und mangelnde Initiative;

» Übertreiben und Überbewerten von Nebensächlichkeiten;

» Verspätung, Verzögerung, Ausflüchte und fadenscheinige Entschuldigungen;

» Misserfolge, Versagen, hohe Fehlerquote;

» Suche nach Verbündeten, Gruppenbildung.

Diese und ähnliche Phänomene und Entwicklungen dürfen Sie keinesfalls ignorieren, wenn Sie sie bemerken. Es ist wichtig, sehr schnell einzugreifen und genau zu ergründen, welche Probleme, Schwierigkeiten oder Konflikte sich hinter diesen Verhaltensweisen der Beteiligten verbergen. Durch frühzeitig ergriffene Maßnahmen lässt sich ein Eskalieren der Konflikte häufig vermeiden, und der Schaden hält sich dementsprechend in Grenzen.

Wenn ein Problem möglichst früh angesprochen wird, bringt das den Vorteil, dass die negativen Gefühle wie Ärger, Wut, Enttäuschungen, Kränkungen etc. noch nicht so stark ausgeprägt sind. Auf dieser Basis kann noch sachlich und konstruktiv verhandelt werden, was bei zunehmender Verschärfung des Konflikts immer schwieriger wird, denn es geht den Kontrahenten irgendwann nur noch um den persönlichen Sieg und die Niederlage des „Gegners". Ein Konflikt lässt sich jedoch nur dann nachhaltig bewältigen, wenn angestrebt wird, dass beide Seiten Gewinner sind.

Unnötige und destruktive Konflikte lassen sich unter günstigen Bedingungen bereits im Vorfeld verhindern. Das Erkennen von mehr oder weniger subtilen Warnsignalen ist nur ein Punkt dabei. Doch auch Ihre persönliche innere Ausgeglichenheit trägt in hohem Maße dazu bei, denn sie wirkt sich immer positiv auf die Gefühls- und Beziehungsebene aus, wodurch unterschiedliche Standpunkte aufgearbeitet werden können, bevor sie zu einem Konflikt eskalieren. Auch eine aufmerksame Kommunikationsweise, die gezielt Missverständnisse aufdeckt, aktiv zuhört, bei Unklarheiten nachfragt, sensibilisiert ist für Möglichkeit von Missverständnissen und die Chancen von Metakommunikation nutzt, ist ein wesentlicher Bestandteil wirkungsvoller Konfliktprävention.

Hat sich nun jedoch ein Konflikt manifestiert, kommt es darauf an, dass die Lösungsversuche möglichst systematisch verlaufen. Holzhammer-Methoden nach dem Motto „Raus mit der Sprache – jetzt schaffen wir das aber ein für allemal aus der Welt" sind in der Regel unangebracht und wenig hilfreich. Ein Konfliktgespräch will gut überlegt sein. Deshalb geht den Lösungsversuchen stets auch eine eingehende Analyse des Konflikts voraus. Durch die Analyse gewinnen Sie einen gewissen (emotionalen) Abstand zum Geschehen und können sich auf der Metaebene ein sachliches Bild von der Situation machen. Grundvoraussetzung ist, dass der Konflikt an sich auch akzeptiert und nicht geleugnet oder heruntergespielt wird. Auf dieser Basis können gezielte Fragen und aufmerksames Zuhören Aufschluss geben über die Eigenschaften des vorliegenden Konflikts.

Einige Frage zur Konfliktanalyse:

» Was ist der sachliche Gegenstand des Konflikts? Worum wird gestritten? Was gilt es zu lösen?

» Wer ist beteiligt?

» Welche Auswirkungen hat der Konflikt?

» Wo liegt der emotionale Anteil des Konflikts?

» Welche Befindlichkeiten gibt es bei den einzelnen Parteien? Vertritt beispielsweise jemand eine Position aufgrund einer bestimmten Gruppenzugehörigkeit?

» Was wurde bisher von den Beteiligten gesagt? Was haben sie dabei gemeint und welche Botschaften kamen tatsächlich beim Gegenüber an?

» Welche Art von Konflikt liegt vor? Gibt es Vermischungen mit anderen Konflikten?

Für den Erfolg des Konfliktgesprächs ist eine bewusste Gesprächsführung der ausschlaggebende Faktor. Da die Art und Weise, wie Konflikte und Konflikt- lösungsprozesse gehandhabt werden, einen sehr starken subjektiven Eindruck hinterlässt, sind diese Prozesse für die zwischenmenschlichen Beziehungen ebenso bedeutsam wie das Ergebnis selbst. Die Folgen eines ungünstig verlaufenden Konfliktgesprächs dürfen deshalb nicht unterschätzt werden. Problematisch sind in diesem Zusammenhang auch vorschnelle Lösungsver- suche. Schnelle Lösungen sind nicht immer die besten, denn vorschnell ergriffene Maßnahmen können die Nachhaltigkeit der Lösung verhindern. Gerade Führungskräften fällt es häufig schwer, ungelöste Situationen und Konflikte zu ertragen, sie suchen häufig nach schnellen und effizienten Lösungen. Doch dabei bleibt nicht selten die echte Verständigung zwischen den Parteien, die Grundlage der Nachhaltigkeit der Lösung ist, auf der Strecke.

Wie Sie als Führungskraft souverän Konfliktgespräche führen
Ein systematisches Konfliktgespräch verläuft in sechs Schritten und ist grund- sätzlich auf Kooperation und Verständigung ausgerichtet.

1. Noch vor Beginn eines Gesprächs gilt es zunächst, die eigenen Emotionen unter Kontrolle bringen, um nicht emotional erregt, sondern sachlich und vernünftig die Auseinandersetzung führen zu können.

2. Der Gesprächsanfang kennzeichnet sich dadurch, dass es vor allen Dingen darum geht, eine konstruktive und angemessene Gesprächssituation herzustellen. Höflichkeit, Aufrichtigkeit, Direktheit und auch die Gestaltung der Rahmenbedingungen (Störungen ausschließen, Zeitdruck vermeiden etc.) sind die Hauptelemente dieser Phase. Dies sind erste Schritte, um ein vertrauensvolles Gesprächsklima zu fördern und eine Beziehung zum Gesprächspartner herzustellen, damit die Lösungssuche gemeinsam vollzogen werden kann. Auch der Anlass des Gesprächs wird hier angespro- chen und gleichzeitig geklärt, welches Ziel mit dem Gespräch verbunden wird.

3. Offenheit und Vertrauensbildung sind die Hauptmerkmale der dritten Gesprächsphase. Eine entsprechende Kommunikationsweise soll den Einstieg in den Konflikt erleichtern. Durch eindeutige Selbstaussagen beider Parteien zum Konfliktanlass – ohne in den direkten Dialog zu treten – wird gegenseitiges Verstehen erreicht. Dabei ist es wichtig, sehr präzise zu kommunizieren und aufmerksam dem Gegenüber zuzuhören, aktives Zuhörern und ggf. Nachfragen sollen Missverständnisse vermeiden. Bei der Darstellung des eigenen Standpunktes sollten Ich-Botschaften verwendet werden, Generalisierungen, Vorwürfe, Appelle und vorgezogene Lösungsvorschläge müssen hier unbedingt vermieden werden.

4. In diesem Schritt wird der tatsächliche Konfliktdialog vollzogen. Ziel ist es, gemeinsam eine Lösung zu finden, die das Problem löst und für beide Seiten einen Gewinn darstellt. Entscheidend ist, dass die Aussprache unter gegenseitiger Wertschätzung stattfindet, auch die Akzeptanz der verschiedenen Standpunkte, der Bedürfnisse und Interessen des Gegenübers hat hier eine große Bedeutung. Aktives Zuhören, bewusstes Verarbeiten und Reagieren kennzeichnen das Gespräch. Es geht darum, den Sachverhalt und die emotionalen Gründe des Konflikts zu klären, die Hintergründe zu beleuchten und so auf den Kern des Konflikts zu stoßen. Dabei sind Provokationen unbedingt zu vermeiden.

5. Die fünfte Phase beschreibt das Ende des Gesprächs. Hier werden gemeinsam Vereinbarungen getroffen und gefundene tragbare Lösungen abgesichert. Dazu werden bisherige Gesprächsergebnisse zusammengefasst, Wünsche geäußert, bewertet und für die praktische Umsetzung konkretisiert. Die Absprachen werden noch einmal ausdrücklich zusammengefasst und fixiert und das weitere Vorgehen vereinbart. Wichtig ist hierbei, nicht voreilig zu einem Abschluss zu kommen und die Details genau zu besprechen. Es ist an dieser Stelle auch möglich, auf der Metaebene über das Gespräch selbst zu sprechen.

6. Der letzte Schritt betrifft die Situation nach dem Gespräch. Hier gilt es, sich persönlich mit dem Gesprächsergebnis auseinanderzusetzen, es zu verarbeiten und zu akzeptieren. Dazu gehört auch, dass Rachegefühle aufgelöst und Enttäuschungen verarbeiten werden. Es geht darum, der Vereinbarung innerlich aufrichtig zuzustimmen.

Ziel eines so verlaufenden Konfliktgesprächs ist es, eine Konfliktlösung ohne Verlierer zu erreichen. Denn in Konflikten prallen immer unterschiedliche Interessenlagen aufeinander. Dies ist grundsätzlich mit der Intention verknüpft, die eigenen Bedürfnisse durchzusetzen, die dabei in eindeutiger Opposition zu den Bedürfnissen der Kontrahenten stehen. Wer hier nun die größte Durchsetzungskraft zeigt, kann in der Regel seine Interessen durchsetzen. Die Folge: Es gibt einen Gewinner und einen Verlierer der Auseinandersetzung. Das Verhaltensmuster, unbedingt einen Sieg davontragen zu wollen, ist kennzeichnend für viele Konflikte und verhindert oftmals eine faire Lösung.

Bei der Konfliktbewältigung im Gespräch gilt es nun, starre und festgefahrene Strukturen zu lösen und dabei das Gewinner-Verlierer-Verhalten zu vermeiden. Dieses Verhalten ist für eine der streitenden Parteien immer unbefriedigend und hat zudem die negative Begleiterscheinung, dass der Gewinner (vom Triumphgefühl) angespornt wird, sich in künftigen Konflikten noch unnachgiebiger zu verhalten. Bei der Konfliktlösung sollte stattdessen immer eine Win-win-Situation geschaffen werden. Hierbei werden Konflikte für beide Seiten gewinnbringend ausgetragen. Das Ziel ist es, eine für beide Seiten gleichermaßen akzeptable Lösung zu finden, ohne dass destruktive Wechselwirkungen entstehen, die sich aus Sieg und Niederlage ergeben.

In der Gesprächsführung gibt es auch einige kommunikative Verhaltensweisen, die unbedingt vermieden werden sollten, um eine Eskalation des Konflikts während des Konfliktgesprächs zu vermeiden. Denn selbstverständlich ist gerade das Konfliktgespräch auch ein sehr heikler Moment bei der Bewältigung von Konflikten.

» Drängen Sie Ihren Gesprächspartner nicht durch Verallgemeinerungen oder Vereinfachungen in eine Verteidigungshaltung. („Ständig vergessen Sie, dass …" oder „Das ist jedes Mal das Gleiche …" etc.)

» Verzichten Sie auf eine einseitige, verzerrte oder überspitzte Darstellung der Sachlage.

» Provozieren Sie Ihren Gesprächspartner nicht und lassen Sie sich selbst nicht provozieren.

» Drohungen verschärfen die Lage und verhärten die Positionen.

» Persönliche Beleidigungen, geringe Wertschätzung und wenn Sie Ihren Gesprächspartner nicht ernst nehmen, erzeugen nur Frustration und Aggressionen.

» Vorwürfe und Schuldzuweisungen bringen keine Klärung in den Sachverhalt, sie verschärfen stattdessen bloß die konfliktträchtige Situation.

Vernachlässigen Gesprächspartner diese Punkte, kann die Auseinandersetzung schnell eskalieren. Das hat zur Folge, dass der ursprüngliche Sachverhalt in den Hintergrund tritt und nur noch die emotionale Auseinandersetzung eine Rolle spielt. Das Grundproblem kann so nicht gelöst werden. Es wird stattdessen auf Nebenkriegsschauplätzen gekämpft, die bloß die verletzten Gefühle betreffen und längst nicht mehr auf Verständigung und Konfliktlösung angelegt sind. Sachliche Argumente werden dann kaum mehr benutzt. Außerdem hören sich die Parteien sowieso nicht mehr richtig zu und kritisieren stattdessen den anderen bei jeder sich bietenden Möglichkeit. Die gegenseitige Akzeptanz geht vollkommen verloren, und es geht nur noch um Schuldzuweisungen, Machtkampf oder Rache.

Sie sehen, die Konfliktlösung im Gespräch wird nur rhetorisch versierten Führungskräften gelingen. Nur wer über kommunikatives Geschick verfügt, wird dauerhafte Lösungen finden, die von beiden Konfliktparteien akzeptiert und umgesetzt werden können.

Erfolgreiche Kommunikation für Führungskräfte

Im beruflichen Alltag und erst recht in vielen speziellen Situationen kommt es auf Ihr persönliches Geschick an. Ihr individuelles Kommunikationsverhalten entscheidet dabei nicht nur über berufliche Erfolge oder Misserfolge, sondern auch darüber, ob Sie souverän vor Ihren Mitarbeitern oder Kunden auftreten. Denn bei Ihrer Kommunikation wirken Sie immer mit Ihrer ganzen Persönlichkeit. Insbesondere Ihre Sprache, Ausdrucksweise und Ihre Formulierungen lassen Rückschlüsse auf Sie selbst zu. Aus diesem Grund ist es von großer Bedeutung, eine Sprache zu wählen, die der Situation und dem Gesprächspartner angemessen ist.

Sprechen Sie die richtige Sprache

Eine Führungskraft, die sich nicht adäquat artikulieren kann, ist heute kaum mehr denkbar. Sprachliche Defizite, vage, nebulöse und unverständliche Formulierungen sind weder dazu geeignet, die eigene Wirkung zu optimieren, noch dazu, als Führungskraft Anerkennung zu finden.

Gerade für Führungskräfte ist es von großer Bedeutung, die jeweils angemessenen Worte zu finden. Weil nun sprachliche Fähigkeiten als Zeichen von Kompetenz und auch Intelligenz verstanden werden, neigen einige Führungskräfte dazu, im Gespräch ihre rhetorische Überlegenheit zu demonstrieren. Doch führt dies, was oft vergessen wird, in letzter Konsequenz zu ebenso vielen negativen Begleiterscheinungen wie sprachliche Nachlässigkeiten. Bewegen sich zwei Gesprächspartner schon rein sprachlich auf sehr unterschiedlichem Niveau, ist Distanz eine zwangsläufige Folge. Und wo es nicht gelingt, eine Brücke zum Gegenüber zu bauen, kommt es oft zu keiner erfolgreichen Verständigung.

Es kommt nicht darauf an, als Führungskraft jederzeit stilistisch und linguistisch perfekt zu formulieren und nebenbei das eigene Können zur Schau zu stellen. Weitaus wichtiger ist, dass Ihre Worte beim Gesprächspartner ankommen, um hier die gewünschte Wirkung zu erzielen.

Ob und wie Ihre Botschaften bei Ihren Gesprächspartnern ankommen, hängt in hohem Maße von der Sprache, die Sie sprechen, ab. Und es liegt auf der Hand, dass es in der Praxis keinen Sinn macht, beispielsweise mit einem Auszubildenden auf gleichem Niveau zu sprechen wie im Fachgespräch mit einem erfahrenen Abteilungsleiter. Denn niemand spricht seine Worte um ihrer selbst willen, sondern allein deshalb, weil damit ein bestimmtes Ziel verfolgt wird. Der Gesprächspartner soll überzeugt oder zu etwas veranlasst werden, und dies erreichen Sie am ehesten, wenn Sie sich auch sprachlich auf Ihren Partner einstellen.

Eine abwechslungsreiche, lebendige Sprache, die auch mal für eine Überraschung gut ist, sorgt für gespannte Aufmerksamkeit. Den üblichen Einheitsbrei mit zahlreichen Floskeln mag dagegen niemand gern hören. Allein schon der Verzicht auf platte Phrasen wirkt oft sehr erfrischend. Hierzu zählt die bewusste Vermeidung von Füll- und Modewörtern (echt, irgendwie, ich meine usw.) ebenso wie eine inflationäre Verwendung von Anglizismen. Vermeiden Sie es auch, fortwährend in Superlativen zu sprechen. Wenn in Gespräch mit Mitarbeitern oder auch mit Kunden über Ihr Unternehmen, über Ihre Produkte oder Leistungen immer alles „einzigartig", „konkurrenzlos" und „unschlagbar" usw. ist, setzen Sie nur Ihre Glaubwürdigkeit aufs Spiel.

Denken Sie deshalb selbstkritisch über Ihre Sprachgewohnheiten nach. Haben Sie bestimmte Marotten, die Ihre Gespräche negativ beeinträchtigen und die im Laufe der Zeit zur Gewohnheit geworden sind? Nur wenn Sie sich dessen bewusst werden, können Sie positive Veränderungen einleiten.

Wer es versteht, einen Sachverhalt treffend auf den Punkt zu bringen und dabei auf sachliche Argumente zurückgreifen kann, hat es gar nicht nötig, auf ein übertrieben enthusiastisches oder gestelztes Vokabular zurückzugreifen. Wenn Sie Ihre Argumente kurz, prägnant und präzise formulieren, wird es Ihr Gesprächspartner zu schätzen wissen.

Tipps für eine wirkungsvolle Sprache:

» Vermeiden Sie elitäre und übertrieben „geschraubte" Ausdrucksweisen, wenn es nicht zum Gesprächspartner passt.

» Verzichten Sie ebenso auf Übertreibungen wie auf Beschönigungen und Dramatisierungen.

» Sie erhalten die Aufmerksamkeit Ihrer Gesprächspartner, wenn Sie in kurzen und prägnanten Sätzen reden. Eine klare Sprache wirkt verbindlich und kompetent, während endlose Schachtelsätze ermüden und vom Thema ablenken.

» Ein Monolog ist kein Gespräch! Reden Sie also nicht zu viel, und lassen Sie auch Ihren Gesprächspartner zu Wort kommen.

» Verwenden Sie so wenig Abschwächungen und Relativierungen wie möglich. Mit Wörtern wie eigentlich, vielleicht, eventuelle, aber usw. wirken Sie nicht sehr überzeugend. Das Gleiche gilt für Einleitungen, die mit „Ich denke ...", „Ich möchte ..." oder „Ich glaube ..." beginnen.

» Denken Sie daran, dass einige Anglizismen und neudeutsche Wörter nicht nur nicht verstanden werden, sondern darüber hinaus geradezu lächerlich wirken können: „features", „power", „mega", „ultra", „agreement", „business", „deadline", „office", „update", „upgrade", „issue", „value", „standing", „visibility", „task" usw.

» Vermeiden Sie möglichst alle Füllwörter wie: „Äh", „Oh", „Mmmh".

» Versuchen Sie zuerst, Ihren Gesprächspartner zu verstehen, bevor Sie selbst verstanden werden wollen. Hören Sie Ihrem Gesprächspartner aufmerksam zu. Glauben Sie nicht, sowieso schon alles zu wissen.

Zu einem überzeugenden Auftritt gehört eine bewusste Körpersprache
Dass die verbale Sprache das eigene Auftreten stark beeinflusst, ist vielen Führungskräften durchaus bewusst. Weniger gegenwärtig ist den meisten Führungskräften, dass sie auch durch ihre Körpersprache mitunter deutliche Signale aussenden, die in allen Fällen von den Gesprächspartnern interpretiert werden. Und es lohnt sich, wenn Sie auch Ihre nonverbale Kommunikation bewusst einsetzen: Denn Ihre persönliche Ausstrahlung wird effektiv verbessert, wenn Ihre gesprochenen Worte von einer stimmigen Körpersprache getragen werden. Wenn also das, was Sie sagen, zu dem passt, wie Sie es sagen, wirken Sie überzeugend. Die Körpersprache setzt sich in ihrer Gesamtheit zusammen aus den Komponenten Haltung, Gestik und Mimik sowie dem Blickkontakt.

Blickkontakt: Mit Blickkontakten signalisieren wir unseren Gesprächspartnern Aufmerksamkeit und Anteilnahme. Mit bewusst eingesetzten Blickkontakten lässt sich der Nachdruck der Worte gezielt verstärken. Grundsätzlich wirkt ein Mensch aufrichtiger und auch selbstbewusster, wenn er seinem Gegenüber im Gespräch in die Augen sehen kann. Umherschweifende Blicke signalisieren dagegen Desinteresse oder Unaufmerksamkeit. – Wichtig ist auch, den Blicken anderer standhalten zu können. Wer hier dazu neigt, den Blicken auszuweichen, macht damit schnell einen unsicheren Eindruck.

Haltung: Gerade beim ersten Eindruck wird die Haltung eines Menschen besonders intensiv wahrgenommen. Von der Haltung einer Person ziehen wir Rückschlüsse auf seine gesamte Persönlichkeit und seine Charaktereigenschaften. Nicht umsonst kann das Wort Haltung nicht nur Körperhaltung, sondern eben auch so viel wie Einstellung bedeuten. Und so wie eine aufrechte, kraftvolle Körperhaltung Souveränität und Leistungsbereitschaft suggeriert, schlagen sich in der Körperhaltung auch Anspannung, Erschöpfung und Stress nieder. Wer Haltung bewahrt, gilt als rege, wach und aufmerksam.

Gestik: Mit Gesten können wir unsere Worte nicht nur geschickt akzentuieren, passende Gesten wirken stets erfrischend, erhöhen die Aufmerksamkeit und erleichtern damit das Verständnis der gesprochenen Worte. Passende Gesten erhöhen zudem die eigene Glaubhaftigkeit. Schon ein Kopfnicken signalisiert dem Gegenüber, dass wir ihm mit wohlwollendem Interesse und aufmerksam zuhören. – Insbesondere von den Händen geht eine große Wirkung aus: Frei sichtbare Hände wecken Vertrauen, ihre Bewegungen betonen die verbalen Aussagen und übersetzen diese in eine optische Sprache. Das Verstecken der Hände verursacht dagegen Distanz, sogar Misstrauen. Und wer mit Gegenständen herumspielt, sich an der Kleidung zupft, hinter dem Ohr kratzt usw. wirkt schnell verunsichert oder nervös.

Mimik: Mit einer bewussten Mimik können wir ganz nebenbei Dinge ausdrücken, die sich kaum durch Worte sagen lassen. Haben Sie schon einmal versucht, ein Stirnrunzeln mit Worten zu formulieren? Wenn Sie bspw. einer Aussage skeptisch gegenüber stehen, können Sie dies ganz unverfänglich durch ein Stirnrunzeln signalisieren, während alle Worte dafür unmittelbar die Glaubwürdigkeit Ihres Gesprächspartners infrage stellen würden. Und mit einem Lächeln können wir die ganze Gesprächsatmosphäre konstruktiv steuern. Menschen, die keine Miene verziehen, wirken nicht vertrauenserweckend.

Stimme: Ein Sonderfall ist die Stimme. Ganz eindeutig findet man mit einer klaren, elanvollen und gut modulierten Stimme schneller Gehör als mit einem genuschelten und betonungslosen Abspulen der Sätze. Oft kommt es dabei nicht einmal so sehr darauf an, was gesagt wird, sondern vielmehr darauf, wie etwas gesagt wird. Und natürlich wird eine Person von anderen auch nach ihrer Art zu sprechen beurteilt. Wer stets zu leise und entgeistert daher-nuschelt, wird damit kaum einen guten Eindruck auf seine Umwelt machen. Ob wir den richtigen Ton treffen oder nicht, entscheidet über den Grad der Aufmerksamkeit, sogar über die Glaubwürdigkeit und darüber, wie gut wir bei anderen ankommen.

Die Stimme wird oft mit unserer inneren Einstellung gleichgesetzt. Ein Mensch mit einer monotonen Stimmlage ohne Höhen und Tiefen wirkt wohl immer etwas lustlos und fade und wird kaum eine positive Wirkung bei seinen Gesprächspartnern erzielen. Obwohl die Stimme stark individuell geprägt ist, lässt sie sich doch schulen. Hierbei ist ein bewusster Einsatz der Körpersprache wichtiger, als man zunächst denken mag. Denn wer seine Worte gezielt durch Gestik und Mimik untermauert, wird dabei geradezu von selbst auch seine Stimme stärker modulieren. – Wer viel telefoniert, weiß bspw., dass man ein Lächeln am anderen Ende der Leitung tatsächlich „hören" kann.

Tipps für eine wirkungsvolle und positive Stimme:
» Vermeiden Sie eine eintönige und monotone Stimmlage.
   Mit einer elanvollen Stimme strahlen Sie positive Energie aus.

» Gerade sehr hohe und schrille Stimmlagen wirken oft sehr anstrengend.
   Hier kann es ratsam sein, die Stimmlage bewusst etwas herunterzuschrauben.

» Die meisten Menschen neigen dazu, die Sprechgeschwindigkeit im
   Verlauf eines Gesprächs zu steigern – deshalb ist es oft empfehlenswert,
   die Geschwindigkeit bewusst zu reduzieren.

» Achten Sie auf eine klare Aussprache und darauf, dass Endsilben oder
   einzelne Buchstaben nicht verschluckt werden.

» Eine zu leise Tonlage kann für das Gegenüber ebenso zu einer echten
   Zumutung werden wie ein allzu dröhnendes Organ.

Eine positive Wirkung mit der Stimme zu erzielen, ist für Führungskräfte von besonderer Bedeutung. Denn Führungskräfte sind Vielredner, eines ihrer wichtigsten Instrumente ist ihre Stimme. Der gute Klang einer ausdrucksstark modulierten Stimme ist nicht nur ein Sympathiefaktor, der Tonfall entscheidet maßgeblich über die Glaubwürdigkeit einer Führungskraft.

Souveräne Führungsarbeit mit Herz und Verstand

An moderne Führungskräfte werden heute vielfältigste Anforderungen gestellt, denn fachliche Kompetenz ist zwar eine unerlässliche Voraussetzung für die erfolgreiche Führungsarbeit, doch allein längst nicht mehr ausreichend. Genauso wichtig sind inzwischen soziale und kommunikative Fähigkeiten und das persönliche Auftreten. Noch immer fällt es vielen Führungskräften nicht immer ganz leicht, diese Qualitäten gezielt einzusetzen und als Teil der täglichen Arbeit zu akzeptieren.

Doch ohne ausgeprägte soziale und kommunikative Kompetenz ist erfolgreiche Führungsarbeit heutzutage nicht mehr denkbar. Längst hat sich die Erkenntnis durchgesetzt, dass der berufliche und somit auch der wirtschaftliche Erfolg in engem Zusammenhang mit der Persönlichkeit stehen. Und das gilt längst nicht nur für Führungskräfte. Viele Unternehmen wollen und können es sich schlichtweg nicht mehr leisten, dass Mitarbeiter durch persönliche Defizite zur Belastung werden. Die Ansprüche, die an die Persönlichkeit der Mitarbeiter und insbesondere der Führungskräfte gestellt werden, steigen also zusehends, und über das berufliche Vorwärtskommen entscheiden heute längst nicht mehr nur die fachlichen Fähigkeiten und Qualifikationen.

Zudem wird leicht vergessen, dass die Mitarbeiter das Kapital Ihres Unternehmens sind. Die Mitarbeiter steigern die Leistungsfähigkeit Ihres Unternehmens, indem sie ihr Wissen, ihre Ideen, ihre Fähigkeiten und ihr Engagement in das Unternehmen einbringen. Ihre wohl wichtigste Aufgabe ist es daher, mit den Mitarbeitern langfristige, tragfähige und vertrauensvolle Beziehungen aufzubauen. Doch das geschieht nicht von selbst, sondern erfordert Ihrerseits bestimmte Kompetenzen. Sie müssen nicht nur in der Lage sein, die besten Mitarbeiter zu finden, sondern wollen diese auch möglichst dauerhaft an das Unternehmen binden. Ihre sozialen und emotionalen Fähigkeiten erhalten damit einen extrem hohen Stellenwert.

Als Führungskraft legen Sie die Grundlage für den unternehmerischen Erfolg, an dem auch Sie selbst gemessen werden, indem Sie die Bedürfnisse Ihrer Mitarbeiter kennen, ihnen Werte und Perspektiven vermitteln, Sinn stiften und individuelle Entfaltungsmöglichkeiten bieten.

Daraus ergeben sich direkte Konsequenzen für Ihre Führungsarbeit. Sie halten zwar einerseits das Ruder in der Hand, andererseits ist nicht zu vergessen, dass die Leistungen Ihrer Mitarbeiter maßgeblich über Ihren persönlichen Erfolg als Führungskraft mitentscheiden. Wenn Sie als Führungskraft akzeptiert und respektiert werden und auf kooperative und engagierte Mitarbeiter zählen können, steigen Ihre Erfolgschancen erheblich. Fehlt es Ihnen jedoch an Anerkennung, werden auch die Leistungen der Mitarbeiter nachlassen, was wiederum Ihrer Reputation schadet und ein weiteres Vorwärtskommen verhindert. Daher ist es unerlässlich, dass Sie Ihre Mitarbeiter und deren persönlichen Ziele kennen, dass Sie verstehen, was Ihre Mitarbeiter antreibt, und in angemessener Weise individuell auf sie eingehen können. Das erfordert vor allen Dingen ein hohes Maß an Einfühlungsvermögen.

Aus verschiedenen Perspektiven denken

Gerade mit dem Einfühlungsvermögen ist es bei den Führungskräften so eine Sache. Das Einfühlungsvermögen – auch Empathie genannt – ist eine Fähigkeit, über die zwar jeder Mensch verfügt, die aber leider viel zu selten bewusst und gezielt zum Einsatz kommt. Dabei lassen sich mithilfe der Empathie gerade Kommunikationsstörungen und damit überflüssige Konflikte oder Missverständnisse vermeiden. Die Fähigkeit, sich in andere hineinzuversetzen, gilt sogar als unverzichtbarer Baustein des menschlichen Zusammenlebens. Erst durch die Möglichkeit des Perspektivenwechsels können wir die Tragweite des eigenen Handelns folgerichtig abschätzen und damit Konsequenzen einschätzen. Empathie wird so zum entscheidenden Faktor, wenn es darum geht, vorausschauend zu agieren. Eine gute Führungsarbeit ohne Einfühlungsvermögen ist also schlichtweg nicht möglich.

Der Begriff meint die Fähigkeit und gleichzeitige Bereitschaft, sich in die Gedankenwelt und das Empfinden anderer Menschen einzufühlen. Obwohl Empathie nun eine ganz natürliche Gabe ist, verstehen es nur wenige Menschen, sie als festen und notwendigen Bestandteil insbesondere auch der Kommunikation im Unternehmen zu betrachten. Das liegt weniger an der unterschiedlichen Ausprägung dieser Fähigkeit bei den verschiedenen Menschen, sondern weitaus eher daran, dass es zuweilen einzig am Willen mangelt, sich in andere hineinzuversetzen. So manche Führungskraft glaubt womöglich noch immer, sich mit derartigem Hokuspokus nicht abgeben zu müssen. Die Realität zeigt jedoch, dass eine moderne Führungskraft geradezu darauf angewiesen ist, die Emotionen der Mitarbeiter zu erkennen – wenn sie denn nicht emotional blind und damit wirkungslos agieren möchte.

Gerade Führungskräften geht es oft so, dass sie vor allem auf ihre alleinige Betrachtungsweise der Dinge fixiert sind. Dabei wird schlichtweg vergessen, dass nahezu jedes Handeln und jede Kommunikation an Wert verliert, wenn nur von einer einzigen isolierten Perspektive ausgegangen wird. Sobald wir mit anderen in Beziehung treten, kommen wir nicht umhin, ganz explizit auf das Gegenüber einzugehen, da wir uns andernfalls selbst die Möglichkeit der gezielten Einflussnahme nehmen.

Die innere Einstellung auf den Gesprächspartner wird oft direkt durch mehrere zur Gewohnheit gewordene Verhaltensweisen verhindert. Viele Gespräche werden bereits unter bestimmten Vorzeichen begonnen, ohne dass zuvor viele Worte gewechselt wurden: Unsere Meinung zu einem Thema oder einer Sache steht meist mehr oder weniger fest. Folglich ist es nicht ganz einfach, den Drang zu (Vor-)Urteilen völlig abzulegen. Gerade dieser Filter der eigenen Erfahrungen und Ansichten behindert eine unvoreingenommene Wahrnehmung der gegebenen Situation. Wir sind es gewohnt, nach bekannten Mustern zu suchen, finden sie auch fast immer und können dann nach herkömmlichem Schema reagieren. Dieses Problem wird gerade in schwierigen Situationen und Gesprächen nochmals verstärkt. In heiklen Momenten sehen wir uns mit der Neigung konfrontiert, möglichst schnell zu reagieren. Wir wollen uns rasch eine Meinung bilden (oder auf eine bereits bestehende zurückgreifen) und meinen, am besten sofort eine Antwort oder Stellungnahme parat haben zu müssen. Das geht dann zulasten des Einfühlungsvermögens. Bedingt durch den dominierenden Antrieb, schnell mit einer Meinung und irgendeiner Reaktion aufwarten zu müssen, versäumen wir es, uns in die ganz spezifische Situation des Gesprächspartners hineinzuversetzen. Anstatt nun genau hinzuhören und auch einen Blick hinter das Gesagte, nämlich auf das tatsächlich Gemeinte, zu werfen, geben wir uns mit dem Vordergründigem zufrieden.

Jeder Mensch ist grundsätzlich dazu in der Lage, seine Umwelt aus der Perspektive einer anderen Person zu betrachten. Das scheitert oftmals allein daran, dass wir es nicht verstehen, uns in den entscheidenden Momenten eines Gesprächs selbst zurückzunehmen und uns von vorgefassten Meinungen, die nicht selten echte Vorurteile sind, zu trennen.

Eines der vornehmlichsten Ziele der Kommunikation – zumal im Unternehmen – ist das gegenseitige Verstehen. Mittels praktizierter Empathie lässt sich jede Verständigung effektiver und reibungsloser gestalten, weil wir viel schneller auf das Wesentliche einer Sache kommen können, ohne uns in Missverständnissen, Fehlinterpretationen und Nebensächlichkeiten zu verlieren. Wer sich in sein Gegenüber hineinversetzt, wird seine Gedanken besser nachvollziehen und die Person selbst (und nicht nur ihre Worte) verstehen können. Kurz: Wenn Sie als Führungskraft Ihr Einfühlungsvermögen bewusst einsetzen, agieren Sie schlicht und einfach effizienter und werden zugleich als souveräne Persönlichkeit wahrgenommen.

Das Vertrauen der Mitarbeiter gewinnen und die eigene Glaubwürdigkeit erhalten

Für eine effiziente und insgesamt reibungslose Zusammenarbeit ist es für Führungskräfte zudem erforderlich, als glaubwürdig wahrgenommen zu werden und das Vertrauen der Mitarbeiter zu gewinnen – und zu erhalten. Wie jeder weiß, kann auch ein Lügner nur dann erfolgreich täuschen, wenn er im Normalfall die Wahrheit spricht. Ansonsten wäre auch die Lüge nutzlos, keiner würde sie ihm abkaufen. Aber gerade bei der Ehrlichkeit in der Unternehmenskommunikation hapert es oft gewaltig. Versuchen Sie doch einmal, einen Tag lang Ihren Mitarbeitern und Kunden gegenüber gänzlich aufrichtig zu sein. Vielleicht genügt es für weniger Mutige zum Anfang auch, wenigsten die Lügen und Halbwahrheiten zu zählen.

Als Goethe seine Autobiografie veröffentlichte, nannte er sie weitsichtig „Dichtung und Wahrheit". Damit zeigte er ein hohes Maß an Selbstreflexion. Er wusste, wenn der Mensch über sich selbst und von den Dingen spricht, die ihm wichtig sind, neigt er dazu, zu verschleiern, schön zu färben – schlichtweg zu lügen. Ein Sachverhalt, der sich im Unternehmen kaum anders verhält: Wichtige Entscheidungen (die selten ohne Konsequenzen für die Mitarbeiter bleiben) sowie Veränderungen und ihre Ursachen werden im Rahmen einer restriktiven Informationspolitik nur rudimentär kommuniziert, Probleme werden vertuscht oder beschönigt.

Solche Methoden der Unternehmenskommunikation sind zwar veraltet, jedoch noch immer weit verbreitet. Sie zeigen dabei ganz offenkundig einen Mangel an Vertrauen und auch an Wertschätzung: Werden die Mitarbeiter nicht, widerwillig oder falsch informiert, heißt dies nichts anderes, als dass ihnen kein Vertrauen entgegengebracht wird, dass sie es nicht wert sind, umfassend informiert zu werden. Zugleich wird von den Mitarbeitern Motivation und hohe Leistungsbereitschaft erwartet. – Wofür? Niemand wird sich gern für ein Unternehmen richtig ins Zeug legen, dessen Führungsriege ihm kein Vertrauen entgegenbringt und es nicht für notwendig hält, elementare Informationen zu kommunizieren.

Ihre Mitarbeiter wollen auf dem neuesten Stand sein. Ein informierter Mitarbeiter ist zu erheblich mehr Leistung bereit als einer, der nur ein sprichwörtliches Rädchen im Getriebe ist. Das gilt insbesondere für stürmische Zeiten. Nur wer über bestehende Schwierigkeiten und ihre möglichen Folgen Bescheid weiß, kann seinen Teil dazu beitragen, diesen auch entgegenzuwirken. – Zugleich, was oft vergessen wird, ist ein Unternehmen wie ein kleines Dorf: Gerüchte sprechen sich schnell herum. Aus einer nicht ganz der Wahrheit entsprechenden, für die Ohren der Mitarbeiter bestimmten Information wird schnell ein mit den schlimmsten Befürchtungen gewürztes Konstrukt, das – oft verfälscht oder dramatisiert – nach unten durchsickert, für Spannungen sorgt und so letztendlich den Unternehmenszielen schaden kann. – Ein Unternehmen ist gewiss nicht der richtige Ort, um „Stille Post" zu spielen!

Gerade in schwierigen Situationen wie bei anstehenden einschneidenden Veränderungen und Neustrukturierungen jeder Art ist es Aufgabe der Führungskräfte, eine transparente Informationspolitik zu betreiben. Ein heikler Moment sind auch erforderlich werdende Entlassungen, vor allem, wenn sie im Unternehmen beliebte oder gleich mehrere Mitarbeiter betreffen. Jetzt kommt es darauf an, dass Sie glaubwürdige Informationen liefern. Nur so können Sie allen Gerüchten Einhalt gebieten, der Verunsicherung entgegenwirken und das Vertrauen in Ihre Person und Ihre Führungsqualitäten stärken.

Worauf es in schwierigen Situationen ankommt:

» Gehen Sie in die Offensive: Wenn Probleme auftreten, sprechen Sie darüber, bevor es andere tun! Scheuen Sie sich dabei nicht, auch eigene Fehleinschätzungen zuzugeben.

» Vertuschen Sie nichts: Eine unangenehme Situation zu verheimlichen oder zu leugnen, kann nicht gelingen. Letztlich wird doch alles an die Öffentlichkeit gelangen. Mit einem vorausgegangenen Versuch, etwas zu vertuschen, wird auch das letzte Vertrauen und jede Glaubwürdigkeit verspielt. Informieren Sie deshalb richtig, vollständig und so aktuell wie möglich.

» Beschönigen Sie nichts: Klären Sie umfassend über die Ursachen auf und darüber, warum Sie welche Schritte einleiten. Gestalten Sie Ihr Handeln transparent und nachvollziehbar.

» Zeigen Sie Verständnis und Mitgefühl für die Sorgen und Ängste Ihrer Mitarbeiter: Wichtig ist hier, nicht distanziert oder desinteressiert zu erscheinen. Ihre persönliche Präsenz ist erforderlich.

» Gehen Sie auf andere zu: Suchen Sie den persönlichen Kontakt zu den wichtigsten Gesprächs- und Geschäftspartnern, damit diese die Informationen aus erster Hand erhalten.

Selbstverständlich werden auf der Führungsebene eines Unternehmens auch streng vertrauliche Aspekte behandelt, die nur für einen begrenzten Personenkreis bestimmt sind. Doch um diese geht es hier nicht. Gemeint sind Informationen, die die Mitarbeiter tatsächlich angehen (und die auf Dauer ohnehin nicht verschwiegen werden können). Häufig werden solche Informationen aus reiner Konfliktscheu oder einem falschen Harmoniebedürfnis nicht kommuniziert. Eine souveräne Führungskraft geht Konfrontationen nicht aus dem Weg und steht zu ihren Entscheidungen. Dadurch gewinnt sie das Vertrauen der Mitarbeiter ebenso wie ihren Respekt.

Wie Sie Ihre Mitarbeiter motivieren und wie nicht
Viele Unternehmen sind unaufhörlich bestrebt, ihre Mitarbeiter zu motivieren. Darauf ist zuweilen ein Großteil der internen Kommunikation ausgerichtet. Und genau an dieser Stelle können Führungskräfte ihre Glaubwürdigkeit schnell verlieren und noch zusätzlichen Schaden anrichten. Denn die Mittel, die für die Motivation der Mitarbeiter verwendet werden, sind oft allzu durchsichtig und wirken mitunter arg gekünstelt – zuweilen sind sie sogar primitiv. Spätestens der von Fastfood-Ketten bekannte „Mitarbeiter des Monats" sollte nicht zur Nachahmung verleiten. Solche fadenscheinigen Methoden bewirken genau das Gegenteil vom Gewünschten: Die Mitarbeiter geraten unter Druck und der Motivierende ist der niemals endenden Anstrengung ausgesetzt, fortwährend für Nachschub in Sachen Motivation zu sorgen. – Die Mitarbeiter

werden unterdessen für dumm verkauft, als könnten sie die aufgesetzten Motivationsmechanismen nicht durchschauen. Zusätzlich wird den Mitarbeitern permanent unterstellt und suggeriert, dass sie eben nicht motiviert sind – ansonsten müssten sie ja schließlich nicht unaufhörlich motiviert werden. Das Motivationsgehabe impliziert zudem einen weiteren Kardinalfehler: Oft wird allein das Kollektiv, nicht aber der einzelne Mitarbeiter, das Individuum angesprochen. Und Generalmaßnahmen haben fast grundsätzlich erhebliche Streuverluste: Was den einen vielleicht noch motivieren mag, wird der andere als Provokation empfinden.

In vielen Firmen hat sich in den letzten Jahren verstärkt eine spezielle Variante eingeschlichen, um die Mitarbeiter an das Unternehmen zu binden und das Zugehörigkeitsgefühl zu stärken: die Durchführung regelmäßiger Firmenveranstaltungen. Schön und gut. Das Problem ist jedoch, dass eine Teilnahme oft explizit erwartet wird – und das, obwohl solche Festlichkeiten zumeist in den Abendstunden oder an den Wochenenden stattfinden. Wenn die Teilnahme an solchen Veranstaltungen verpflichtend ist, dann handelt es sich um Arbeit – und nicht um Freizeit, wie irrtümlich angenommen. Es hat seinen Grund, dass die Grenzen zwischen Berufs- und Privatleben möglichst nicht verwischt werden sollten. Die Mitarbeiter brauchen ein klar abgegrenztes Privatleben, zumal dann, wenn sie viele Überstunden ableisten müssen. Mit Pflichtveranstaltungen greift eine Firma unter Umständen in unzulässiger Weise in das Privatleben ihrer Mitarbeiter ein und ruft damit Unbehagen hervor – und eben nicht den erhofften Zusammenhalt.

In etlichen Fällen wird Geld als Allheilmittel eingesetzt. Irrtümlich wird angenommen, dass zugunsten eines hohen Gehaltes auf eine niveauvolle Unternehmenskultur verzichtet werden kann – dass ein Unternehmen sich quasi davon freikaufen kann. „Ich zahle ein überdurchschnittliches Gehalt, dafür kann ich aber auch machen, was ich will!" Der Kreislauf ist hinlänglich bekannt: Ein guter Mitarbeiter ist unzufrieden und droht mit Kündigung – anstatt die Gründe für seine Unzufriedenheit zu bekämpfen, erhält er eine Gehaltserhöhung. Viele Chefs denken in solchen Fällen „Wie viel wollen Sie?", nicht aber „Was wollen Sie?". Tatsächlich sind fast 90 Prozent aller Personalverantwortlichen der Meinung, dass das Geld der maßgebliche Faktor sei, um einen Mitarbeiter an ein Unternehmen zu binden. Irrtum! Ein gutes Gehalt ist zwar jedem Mitarbeiter wichtig – dass man sich im Unternehmen wohl fühlt, ist für die meisten Mitarbeiter jedoch noch bedeutender. Ganz klar steht hier eine gute Unternehmenskultur vor den finanziellen Aspekten. Für kurze Zeit mögen sich die Angestellten mit einem hohen Gehalt zufriedengeben, auf Dauer wird es allein jedoch nicht ausreichen. Sind die Mitarbeiter unzufrieden, entsteht immer eine hohe Personalfluktuation – auch wenn hohe Gehälter gezahlt werden.

Leistungsbereitschaft nachhaltig fördern

Gegenseitiges Vertrauen und die Wertschätzung der Mitarbeiter stärken nicht nur die Kooperation im Team, sie fördern auch ganz unmittelbar die Leistungsbereitschaft. Jede Führungskraft steht dennoch immer wieder vor der Frage, wie sie zur Motivation der Mitarbeiter am besten beitragen kann. Die Antwort fällt klar aus: Schaffen Sie zuerst sämtliche Bedingungen und Faktoren ab, die Ihre Mitarbeiter demotivieren! Das setzt natürlich voraus, dass Sie erkennen, welche Faktoren dies sind. Das oben erwähnte Einfühlungsvermögen lässt an dieser Stelle grüßen! Denn natürlich ist es unerlässlich, aufmerksam wahrzunehmen, was unter den Mitarbeitern vor sich geht, welche Stimmung herrscht und welche Verhaltensmuster und Strukturen entstehen.

Sind einzelne oder auch mehrere Mitarbeiter spürbar demotiviert, wird sich die weitsichtige Führungskraft zuerst selbst fragen, welche Rolle sie bei dem Ganzen spielt. Folgende Verhaltensweisen führen zweifellos zur Demotivation Ihrer Mitarbeiter:

» schlechte Informationspolitik gegenüber den Mitarbeitern
» Überlegenheit demonstrieren
» Dominanzverhalten
» unsachliche und anmaßende Kritik
» pedantisch auf Kleinigkeiten herumreiten
» fehlendes Vertrauen in die Mitarbeiter und ihre Fähigkeiten
» keine oder zu geringe Wertschätzung der erbrachten Leistungen
» Ausschließen der Mitarbeiter aus Entscheidungsprozessen
» zu starkes Einschränken der Handlungs- und Entscheidungsspielräume der Mitarbeiter

Im zweiten Schritt können Sie erheblich zur Motivation Ihrer Mitarbeiter beitragen, indem Sie:

- » eine offene, wertschätzende Kommunikation pflegen
- » Verantwortungen übertragen und Ihr Vertrauen in einen Mitarbeiter beweisen
- » auf übertriebene Kontrollen verzichten
- » Anerkennung für gute Leistungen zeigen
- » Interesse an der Weiterbildung und Qualifikation der Mitarbeiter haben
- » nicht auf einmaligen Fehlern eines Mitarbeiters herumreiten
- » sich ernsthaft mit Fragen und Problemen der Mitarbeiter befassen
- » sich für Belange der Mitarbeiter einsetzen

Wirkliches Vertrauen zwischen zwei Personen ist nur bei gegenseitiger Wertschätzung möglich. Demjenigen, vor dem wir keine Achtung haben, werden wir auch niemals Vertrauen entgegenbringen – und umgekehrt. Die Basis des Vertrauens ist die Sympathie. Nun lässt sich natürlich sagen, dass dieser oder jener einem einfach unsympathisch ist, dass da nichts zu machen ist. Für einige Fälle mag das zutreffen, oft jedoch scheitert eine gegenseitige Sympathie schlichtweg an unserer eigenen Voreingenommenheit. Oft genügt es, einen gewissen Vorschuss an Vertrauen zu „schenken" und den Menschen mit Wohlwollen zu begegnen. Daraus resultiert oft eine Wechselwirkung: Der andere findet uns sympathisch, was wir wiederum selbst spüren, wodurch wir unserem Gegenüber weitere Sympathie entgegenbringen. Der Kreis schließt sich, und das Fundament für das gegenseitige Vertrauen ist gelegt. – Wer uns vertraut, fühlt sich als Mensch ernst genommen und verstanden. Und nur wer sich auch verstanden fühlt, ist auch bereit, auf uns zu hören.

Wenn wir jemandem zeigen, dass auf uns Verlass ist, können wir uns meistens auch auf unser Gegenüber verlassen. Wer dagegen bis ins Detail reglementiert und Vorschriften aneinander reiht, zeigt, dass Vertrauen fehlt. Ein an die Kandare genommener Mitarbeiter wird Sie als Vorgesetzten ganz gewiss nicht besonders hoch schätzen. Die Bereitschaft, mehr zu leisten, ist bei solchen Mitarbeitern am größten, die ihre Vorgesetzten achten, die sie sympathisch finden.

Wodurch souveräne Führungskräfte motivieren

Ob die Motivationsversuche gelingen oder im schlimmsten Fall sogar das Gegenteil bewirken, hängt zu großen Teilen vom Verhalten und der Persönlichkeit der Führungskraft selbst hat. Was wirklich motiviert, lesen Sie hier:

» Positive Ausstrahlung: Mit Höflichkeit, Offenheit, guter Laune und einem Lächeln werden Sie für Ihre Mitarbeiter sympathisch und wecken ihr Vertrauen. Ein stets grantiger Chef verbreitet eine üble Stimmung, die die Leistungsbereitschaft der Mitarbeiter vermindert.

» Aufmerksamkeit: Nur wer seine Antennen ausfährt, kann die Bedürfnisse seiner Mitarbeiter erkennen. Zeigen Sie Anteilnahme, auch für private Belange Ihrer Mitarbeiter. So erkennt der Mitarbeiter, dass Sie ihn als Individuum wahrnehmen und schätzen.

» Zuverlässigkeit: Ihre Mitarbeiter wollen wissen, woran sie sind, sie wollen einen zuverlässigen und kalkulierbaren Vorgesetzten, auf den Verlass ist. Ohne Zuverlässigkeit ist Vertrauen nicht möglich.

» Authentizität: Kaschieren Sie nicht Ihre eigenen Fehler. Ein Chef mit kleinen „Macken" ist immer sympathischer als ein ewig makelloser. Wer ehrlich mit sich selbst ist, dem wird Vertrauen entgegengebracht.

» Erfolge würdigen: Sie sollten keine Gelegenheit verpassen, besondere Leistungen oder Erfolge der Mitarbeiter entsprechend zu würdigen.

» Kontrollverhalten: Vermeiden Sie übermäßiges Kontrollverhalten! Ihre Mitarbeiter werden es als Misstrauen interpretieren. Mit einer übersteigerten Kontrolle nehmen Sie auch dem motiviertesten Mitarbeiter die Freude an der Arbeit.

» Einwände nicht ignorieren, sondern provozieren: Wer Einwände abprallen lässt, zeigt nicht nur eine mangelnde Wertschätzung seiner Mitarbeiter – auch das Fachwissen derselben bleibt ungenutzt. Tatsächlich bietet gerade Kritik eine große Chance für den Erfolg, Missstände und Schwachstellen, die übersehen wurden, werden dadurch aufgedeckt. Nur solche Angestellten, die sich nicht mit ihrem Unternehmen identifizieren, denen es egal ist, arbeiten ohne Widerspruch.

» Keine Floskeln: Probleme können niemals mit inhaltsleeren Phrasen übertüncht werden. Damit zeigen Sie lediglich eine mangelnde Wertschätzung Ihrer Mitarbeiter, werden allerdings nicht zu echten Lösungen beitragen.

Darüber hinaus entscheidet der Umgang mit den eigenen Emotionen darüber, inwieweit es Ihnen gelingt, Ihre Mitarbeiter zu motivieren – und auch darüber, wie Sie von Ihren Mitarbeitern wahrgenommen werden. Das gilt insbesondere für hitzige Momente und Phasen, in denen Sie mit Hochdruck arbeiten: Denn genau dann ist es am schwierigsten, die Emotionen unter Kontrolle zu behalten.

Emotionen ergeben sich allmählich oder auch spontan aus dem Erleben einer Situation und dem Denken. Wie wir nun mit unseren Emotionen umgehen, hängt nicht allein von unserem Temperament ab, sondern immer auch davon, von welcher Art eine Emotion ist und mit welcher Intensität wir sie erleben.

Einige Führungskräfte glauben noch immer, dass es am besten sei, möglichst gar keine Emotionen zu zeigen. Abgesehen davon, dass dies ohnehin unmöglich ist, ist diese Annahme auch falsch: Scheuen Sie sich nicht, Gefühle zu zeigen. Gerade souveräne Menschen stehen zu ihren Emotionen. Außerdem wirkt nichts überzeugender als ein Mensch, der neben dem Verstand auch mit dem Herzen bei der Sache ist.

Die Gefühle selbst sind nicht direkt beeinflussbar, lediglich der Umgang mit ihnen: Man kann sie als Bereicherung oder als Störung ansehen; und wir können sie ignorieren und unterdrücken (wenn auch nicht auf Dauer) oder wir können sie offen zeigen. Gerade das Ignorieren von Gefühlen ist höchstens kurzfristig zweckmäßig. – Weil Emotionen immer vorhanden sind, ist es oft vorteilhafter, sie in die eigenen Handlungsweisen zu integrieren. Gerade in Gesprächen und Verhandlungen sind Emotionen ein wichtiger Faktor der Überzeugungsarbeit. Sie machen die Gesprächsinhalte plastisch und lebendig. Emotionslos erscheinende Menschen wirken wenig engagiert und oft irgendwie mechanisch, weshalb sie auch keine beliebten Gesprächspartner sind – sie werden es auch nicht schaffen, ihre Mitarbeiter für etwas zu begeistern. Je stärker wir kraftvolle Emotionen unterdrücken, umso weniger kann die eigene Ausstrahlung wirken, weil sie bewusst gedämpft wird und dadurch einfach unecht anmutet. Nur wer Emotionen zulässt, kann wirklich authentisch sein.

Natürlich können wir im täglichen Geschehen nicht jede Emotion unmittelbar zeigen, eine affektierte Übersteigerung der eigenen Gefühle kann sogar überaus pathetisch wirken, womit man weit über das Ziel hinaus schießt. Starke Gefühle dagegen müssen sich entladen. Wenn es hierbei um Begeisterung und Freude über eine Sache geht, gibt es zumeist auch keinen Grund, solche positiven Emotionen zu unterdrücken. Der Umgang mit negativen Emotionen ist etwas schwieriger. In einigen heiklen Situationen kommt es immer wieder zu Momenten der Verärgerung, die sich – wenn es sich nicht nur um kurzfristige Augenblicke handelt – in ihren Ausmaßen extrem steigern können. Anfangs reagieren die meisten Menschen noch instinktiv richtig: Sie signalisieren dem Gegenüber mit ihrer Gestik und Mimik ihren Unmut (beispielsweise durch ein Stirnrunzeln oder mit einem forschenden Blick). Ein aufmerksamer Zuhörer weiß solche Signale zu deuten und wird sein Verhalten ändern. Manche Gesprächspartner sind weniger feinfühlig, vielleicht wollen sie uns sogar bewusst reizen oder die Grenzen ausloten.

An solchen Punkten angelangt, kommt man mit dem Unterdrücken der eigenen Verärgerung nicht weiter. Auch verrät die Körpersprache höchstwahrscheinlich, wie es wirklich um uns bestellt ist. Zudem kann sich der entstandene Druck gefährlich aufstauen. Bei Ärger mischt sich dann leicht ein Hauch von Ironie und Überheblichkeit in unsere Worte, wodurch eine ohnehin angespannte Situation schnell eskalieren kann. Und eine plötzliche Explosion mit hochrotem Kopf und sich überschlagender Stimme kann auch nicht der richtige Lösungsweg sein. Es ist immer besser, solche unkontrollierten Ausbrüche zu vermeiden. Grundsätzlich gilt es, die Verärgerung zu versachlichen, sie auf die tatsächlichen Ursachen zurückzuführen und verstärkende Effekte gedanklich zu bremsen.

Das heißt aber auch: Wenn nichts mehr hilft, müssen Sie Dampf ablassen – jedoch sachlich. Sagen Sie einfach die Wahrheit, machen Sie Ihrem Ärger Luft und zeigen Sie, was Sache ist. Hierfür eignen sich sogenannte emotionale Ich-Botschaften: „Mir macht es zu schaffen, dass …", „Es ärgert mich, dass …", „Ich bin an dieser Stelle verärgert, weil …".

Diese Methode hat direkt mehrere Vorteile: Eine fortwährende negative Emotion wird keinem Gespräch zugutekommen, Sie müssen also eingreifen. Und durch das Aussprechen eigener Gefühle handeln Sie überaus selbstbewusst. Schließlich gehört auch Mut dazu, den Ärger nicht einfach zu schlucken und gute Miene zum bösen Spiel zu machen. Dieser Aspekt ist auch deshalb bedeutend, weil sich ansonsten im Nachhinein erneute Verärgerung darüber einstellen kann, dass Sie das mit sich haben machen lassen. – Gleichzeitig nehmen Sie Ihrem Gegenüber den Wind aus den Segeln, indem Sie nicht um den heißen Brei herum reden, sondern das Problem ganz konkret benennen. Sie setzen damit klare Grenzen, deren Überschreitung Sie nicht zulassen können. Hiermit demonstrieren Sie obendrein, dass Sie auch in hitzigen Augenblicken souverän agieren können.

Sinn stiften und individuelle Entfaltungsmöglichkeiten bieten

Wer Defizite im persönlichen Auftreten – und das heißt vielfach, bei den kommunikativen Fähigkeiten – zeigt, wird heute nur noch in Ausnahmefällen die Chance für den nächsten Schritt nach oben erhalten. Andersherum: Wer durch eine gelungene Kommunikation und ein souveränes Auftreten überzeugt, setzt sich damit von der Masse ab – und Türen, die für viele andere verschlossen bleiben, werden weit geöffnet.

Die Zahlen sprechen eine deutliche Sprache: Schätzungsweise sind rund 70 Prozent aller Fehler im Unternehmen auf eine falsche Kommunikation und auf daraus folgende Missverständnisse zurückzuführen. Dadurch entstehen den Unternehmen unnötige Kosten. Insbesondere Führungskräfte stehen daher in der Pflicht, ihre Kommunikationsfähigkeiten zu verbessern – nicht zuletzt, um ihre Aufgabe als Sinnstifter besser erfüllen zu können.

Verminderte Produktivität, hoher Krankenstand, Dienst nach Vorschrift, fehlendes Engagement, Abschottung, schlechter Informationsfluss, eine brodelnde Gerüchteküche, Suche nach Sündenböcken, Spannungen, Negativstimmung, Ausreden, eine hohe Fehlerquote, Missverständnisse – all dies und noch vieles mehr ist die Folge einer schlechten Kommunikation und unzureichenden Führungsarbeit.

Eine effektive Kommunikation ist die Grundlage des Unternehmenserfolges. Die Zufriedenheit und die Motivation der Mitarbeiter werden erhöht, die Zusammenarbeit wird gefördert, Missverständnisse werden vermieden, Konflikten wird entgegengewirkt – kurz, der gesamte Arbeitsprozess wird mittels einer guten Kommunikation optimiert. Als Führungskraft kommen Sie nicht daran vorbei, sich dieser Realität zu stellen. Nutzen Sie deshalb jede Gelegenheit, Ihre rhetorischen und kommunikativen Fähigkeiten zu stärken, um so den Ansprüchen an eine moderne Führungskraft gerecht werden zu können. Sie als Führungskraft legen die Grundlage für den unternehmerischen Erfolg, an dem auch Sie selbst gemessen werden, indem Sie die Bedürfnisse Ihrer Mitarbeiter kennen, ihnen Werte und Perspektiven vermitteln, Sinn stiften und individuelle Entfaltungsmöglichkeiten bieten.

Stéphane Etrillard
Bestsellerautor und Experte für persönliche Souveränität
www.etrillard.com

Weiterführende Literatur

» Etrillard, Stéphane: Charisma. Einfach besser ankommen.
55 Fragen und Antworten zum Mythos Charisma.
Von grauen Mäusen und echten Persönlichkeiten.
Paderborn: Junfermann, 2010

» Etrillard, Stéphane: Mit Diplomatie zum Ziel.
Wie gute Beziehungen Ihr Leben leichter machen.
Offenbach: Gabal, 2013

» Etrillard, Stéphane: Gesprächsrhetorik.
Souverän agieren – überzeugend argumentieren.
Göttingen: BusinessVillage, 2005

» Etrillard, Stéphane: Prinzip Souveränität.
Zürich: Midas Management Verlag, 2014

» Etrillard, Stéphane: Fair zum Ziel.
Strategien für souveräne und überzeugende Kommunikation.
Paderborn: Junfermann, 2014

» Etrillard, Stéphane: Auftritt und Wirkung. Souverän überzeugen –
im kleinen Kreis und vor großem Publikum.
Paderborn: Junfermann, 2015

Johannes Glatzle

Das GEBEN Prinzip der Fitmacher
„Fit für die Märkte von Morgen"

„Der Experte für den Mittelstand."
Hochschule Aalen

„Vorreiter in der Gesundheitsbranche"
focus online

„Ein Stratege mit dem Blick für das Wesentliche"
School of International Business and Entrepreneurship

„Expertise und Persönlichkeit – ein echter Macher"
n-tv

Johannes Glatzle, Jahrgang 1982, unterstützt Top Unternehmen und Unternehmer von Großkonzern bis Mittelständler wie Daimler, tempus, DEKRA, Ernst & Young, Lidl, Caritas, Metro, Banken, IHK´s, Hidden Champions und viele weitere und macht Sie fit für die Märkte von Morgen. Der studierte Betriebswirt und Master of Business Administration (MBA) gab und gibt in zahlreichen internationalen Projekten, und renommierten Hochschulen sein innovatives Wissen und seine pragmatischen Denkansätze weiter. Johannes Glatzle ist ausgezeichneter Vortragsredner und lässt das Publikum an seinen Erfahrungen und Impulsen von der Bühne aus teilhaben. Als ehemaliger Spieler der ersten Baseball Bundesliga, weiß er ERFOLG kann man nur im Team haben.

Der werteorientierte Querdenker ist seiner Branche stets voraus. Mit innovativen und unüblichen Ansätzen versteht Johannes Glatzle es, aus einer wild zusammengewürfelten Gruppe ein Team zu kreieren und ein WIR Gefühl zu schaffen. Gesunde Führung ist sein Thema, die einerseits die Motivation des Individuums auch durch Schaffung geeigneter Rahmenbedingungen, als auch andererseits das Thema Gesundheit in den Mittelpunkt stellt.

Schon früh war Johannes Glatzle klar, dass die klassische Führung ausgedient hat, sie funktioniert nicht mehr! Die Zeiten haben sich auch aufgrund der unterschiedlichen Generationen geändert, die Ansprüche an Arbeitnehmer als auch Arbeitgeber, haben sich gravierend verändert. Trendforscher haben herausgefunden, dass eine Wertewandel von ich lebe für meinen Job – hin zu ich will Sinnstifter sein, stattgefunden hat. Dies Thematisiert Johannes Glatzle in seinen Vorträgen und bring seine Ansätze auf den Punkt genau weiter.

Seine Erfahrungen hat Johannes Glatzle von der Pike auf bei den Besten erlernt, so hat er bereits früh die LEADER Rolle übernommen und schnell Teams geleitet. Heute als Unternehmer profitiert er von diesen unterschiedlichen Blickrichtungen, die ihm damals mit auf den Weg gegeben wurden. Nur mit einen Team, das voll aufeinander eingestellt ist, wo das Thema Gesundheit und Nachhaltigkeit ebenso wie Management im Mittelpunkt steht, kann man Spitzenleistungen erzielen.

Woran erkennen Sie persönlich, dass Sie eine gute Führungskraft sind?

Zunächst würde ich mich weniger als Führungskraft, sondern mehr als Trainer verstehen. Ein Trainer, der sein Team so einzusetzen weiß, dass Erfolge erzielt werden. Ich kremple die Ärmel nach oben und packe kräftig mit an. Ich habe keinerlei Ängste und Probleme damit Mitarbeiter „größer" als ich selbst werden zu lassen. Ich messe mich an Ihren Erfolgen, an dem Weg auf dem ich sie begleitet habe.

Was sind für Sie die wichtigsten Bestandteile guter Führung?

Vertrauen, Augenhöhe und Sinngebung

Wie haben Sie zu Ihrem unverwechselbaren Führungsstil gefunden?

Durch persönliche Erfahrungen. Ich habe gesehen, was nicht funktioniert, ich habe gesehen, was funktioniert und habe daraus mein eigenes Konzept entwickelt.

Welchen Stellenwert haben die Themen Soft Skills und emotionale Intelligenz in Ihrem Führungsstil?

Beide Bereiche helfen mir bei meiner täglichen Arbeit. Ohne Soft Skills ist es nicht möglich im Team zu arbeiten und ohne die emotionale Intelligenz könnten wir nicht auf Augenhöhe agieren.

Wie viel menschliche Nähe ist zwischen Führungskraft und Mitarbeitern möglich, wie viel Distanz nötig?

Bei uns sind alle gleichgestellt, man trennt nicht klassisch zwischen Führungskraft und Mitarbeiter. Uns ist die Augenhöhe wichtig. Wir haben ein freundschaftliches Verhältnis, bei dem es aber auch klare Ansagen gibt. Auch bei uns steht nicht der Mensch im Mittelpunkt sondern das Ergebnis, welches zugegebenermaßen von der Mitarbeiterorientierung profitiert.

Wie viel Distanz nötig ist, ist eine gute Frage, wir verstehen uns als Team, nur im Team, in dem Zahnrad in Zahnrad greift sind Erfolge möglich. Distanz aus Autorität ist uns kein Begriff. Distanz aus Erfahrung und Respekt vor erbrachter Leistung hingegen schon.

Der Trainer hat den Hut auf und agiert mit seinem feinen Gespür für Situationen und Menschen, je nach Erfordernis.

Wie lautet Ihr ultimativer Führungstipp?
Ganzheitlich Denken! Arbeit – Freizeit – Gesundheit. Nehmen Sie sich Zeit für Ihre Mitarbeiter. Reden Sie mit Ihnen und nehmen Sie diese zu 100 % ernst. Grundsatz: Erst Geben – dann nehmen.

Das GEBEN Prinzip der Fitmacher „Fit für die Märkte von Morgen"

„Wo kämen wir hin, wenn jeder sagte, wo kämen wir hin und keiner ginge, um zu sehen, wohin wir kämen, wenn wir gingen" Marti

Begeben sie sich mit mir auf die spannende Reise, um nach zu schauen, wo wir hin kämen, wenn einer vorweg ginge. Auch die Frage: Ob unser Prinzip für alle Unternehmen und alle Mitarbeiter anwendbar ist? möchte ich gerne vorab klären und mit einem klaren NEIN beantworten.

Es soll als eine Art Vorlage bzw. Impulsgeber gesehen werden, um die für Sie als Entscheider wichtigen Punkte anzuregen. Sie selbst sind gefordert das System auf sich und ihr Unternehmen anzupassen. Sie fragen sich bestimmt warum das klare Nein?! Unser Konzept basiert auf vielen Freiräumen, das heißt Bereichen, in denen der Mitarbeiter selbst entscheiden darf bzw. selbst entscheiden muss. Er kann sich wortwörtlich frei bewegen. Nicht jeder Mitarbeiter möchte das. Ich kenne sehr viele in meinem Bekanntenkreis, die das auch nicht möchten. Denen ich zugegebener maßen diesen Freiraum auch nicht zutrauen würde.

Freiraum hört sich zunächst sehr verlockend an, ist aber immer an Mut, Wille, Eigenverantwortung und unternehmerisches Denken geknüpft. Viele Mitarbeiter wollen und können mit diesen Freiheiten schlecht umgehen. Dies beobachte ich auch immer wieder bei meinen Studenten. Ist die Aufgabenstellung nicht klar definiert bzw. konkret vorgegeben, haben viele Studenten Probleme sich zu recht zu finden. Die klaren Eckpfeiler, innerhalb derer sie sich zu bewegen haben, fehlen. Freiheit bedeutet auch immer Verantwortung zu tragen, für seine Ergebnisse, die Leistung, was unter dem Strich dabei raus kommt. Habe ich also Freiraum, zählt meine eigene Leistung um so mehr; ich kann mich nicht auf eventuell schlecht gesetzte Eckpeiler berufen, ich bin dafür ja selbst verantwortlich. Ich finde auch, dass gerade in den Schulen, Hochschulen und in der Gesellschaft junge Menschen zu sehr in eine Richtung gedrängt werden. Fehler zu machen, Misserfolge zu haben und aus ihnen zu lernen – im Sinne von, was muss ich das nächste mal anders machen um beim gewünschten

Ergebnis zu landen ist ein sehr mächtiges aber oftmals zu wenig berücksichtigtes Instrument auch in der Persönlichkeitsbildung und wird zu wenig gefördert und gefordert.

Wie sollen Mitarbeiter ein Risiko eingehen, wenn sie doch vor den Konsequenzen Angst haben. Ein Kind würde nie laufen lernen, wenn es Angst vor dem Hinfallen hätte, es gehört zur Entwicklung dazu.

In anderen Kulturen hat man da eine andere Herangehensweise. Wenn ich meine befreundeten amerikanischen Unternehmerkollegen frage, sehen diese das Unternehmertum oftmals als Spiel – mal gewinnt man, mal verliert man. Aber mit jedem Spiel sammeln wir Erfahrungen und werden besser. Wir lernen den Gegner besser einzuschätzen, was zum Sieg geführt hat und was diesen verhindert hat. Die Summe dieser Erfahrungen sind nicht nur im Sport, sondern auch im Unternehmen sehr wichtig. Ich sage zu meinen Kunden immer: „Ohne Investition kein Wachstum." Wer das Risiko des Investierens nicht eingeht, brauch auch nicht ernsthaft mit einem Wachstum rechnen.

Sollten wir es in Deutschland also weg vom Trainingsweltmeister hin zum Umsetzungsriesen wagen? Meine Empfehlung: Auf jeden Fall.

Ein weiteres Beispiel hierfür findet man im Asiatischen Raum. Hier setzt sich das chinesische Wort Krise aus zwei Wörtern zusammen: Gefahr und Chance. Das eine Krise eine Gefahr darstellt, ist nicht revolutionär, dass jedoch eine Chance mit ihr verbunden sein könnte schon. Wenn man das auf den Mitarbeiter anwendet, bedeutet das: Der Freiraum eines Mitarbeiters kann für ein Unternehmen eine Gefahr darstellen, aber auch eine große Chance bietet, an Potentiale des Mitarbeiters zu gelangen, die dieser selbst nie für möglich gehalten hätte.

Ich möchte Sie anstiften eine Sinnflut auszulösen. Wieder so ein Wort das fälschlicher weise negativ behaftet ist. Wer kennt sie nicht die biblische Bedeutung der Sintflut, die alles zugrunde gerichtet hat, aber auch die Chance mit der Arche Noah, des Neuanfangs mit sich gebracht hat. Ich meine hier aber eine buchstäbliche Sinnflut, nämlich die in der wir Unternehmer das Unternehmen mit Sinn überfluten. Sehe ich in meinem Handeln einen Sinn, ein klares Ziel, bin ich auch bereit dafür mehr zu leisten.

Die Gallup Studie, die sich jährlich mit dem Engagement Index, bzw. der emotionalen Bindung der Mitarbeiter an ein Unternehmen beschäftigt, zeigt auf, dass es längst an der Zeit ist das Unternehmertum und die Mitarbeiterführung neu zu erfinden. Eine Art Unternehmensführung 3.0; also eine Unternehmensführung der nächsten Generation, diese ist längst überfällig.

Zur Studie selbst:
Die emotionale Bindung der Mitarbeiter hat stark nachgelassen. Die Prozentzahl der Mitarbeiter ohne emotionale Bindung ist von 15% (2001) auf 24% (2012) gestiegen, aktuell liegt sie bei 17%. Der Wert der Mitarbeiter, mit einer geringen emotionalen Bindung bleibt relativ stabil bei ca. 70%. Ein erschreckendes Ergebnis finden Sie nicht?

17% Ihrer Beschäftigten haben innerlich gekündigt, sind nur zu faul dies auch in letzter Konsequenz zu tun. Ca. 70 Prozent machen nur noch Dienst nach Vorschrift, wobei wir wieder bei den Eckpfeilern wären. Soll so die Zukunft in unseren Unternehmen aussehen? Mittelmäßige Mitarbeiter arbeiten in mittelmäßigen Unternehmen die mittelmäßig erfolgreich sind. Wo ist das Ende der Fahnenstange?

Ist es nicht jetzt an der Zeit umzudenken bzw. querzudenken und sich mit Fragen zu beschäftigen wie …
Was können wir für Rückschlüsse aus der Studie ziehen?
Warum fühlen sich die Mitarbeiter nicht emotional gebunden?
Wie erreichen wir eine emotionale Bindung?
Was wollen unsere Mitarbeiter überhaupt?

Jeder Unternehmer weiß heutzutage, warum es wichtig ist für die Märkte von Morgen gewappnet zu sein. Die Welt dreht sich weiter, es gibt neue Generationen mit anderen Bedürfnissen, Vorstellungen und Wünschen. Es reicht nicht mehr aus sich nur mit dem demographischen Wandel auseinander zu setzen. Es ist ohne Zweifel richtig, dass es immer mehr Ältere Menschen und immer weniger jüngere Menschen geben wird. Das ist in jedem Fall ein ernsthaftes Problem für die Unternehmen, egal welcher Größe. Bisher konnten sich Unternehmen, vor allem wenn sie einen klangvollen und bedeutungsstarken Namen hatten sich bequem zurücklehnen und abwarten. Sie konnten aus einer Vielzahl von potenziellen Mitarbeitern bequem per Knopfdruck auswählen, welcher wohl der beste Kandidat für das Unternehmen ist.

Wir vernachlässigen nun mal den Fakt, dass viele Führungskräfte Persönlichkeiten einstellen, die ihnen sehr ähneln. Sie kennen das Phänomen, das Hans ein Hänschen einstellt, weil er die gleichen Interessen hat, in der gleichen Privatuniversität war und auch sonst so „ungefährlich" für einen selbst wirkt. Sind wir mal ehrlich Hans braucht von Hänschen keine Angst haben! Eine komfortable Position als Führungskraft, wenn man einen soliden und sympathischen Mitarbeiter hat, der es nie in Erwägung ziehen würde, die „Säge" an den eigenen Stuhl anzulegen.

Es wird sich in Zukunft dahingehend einiges ändern! Zurücklehnen und einen Social Media Konto zur Zielgruppenpenetration zu haben war gestern. Wir als Unternehmer sind gefordert aktiv zu werden. Das Wort Unternehmer ist wörtlich zu nehmen, wir sollen etwas unternehmen und nicht unterlassen!

Die ersten Anzeichen der Veränderung, wie könnte es auch anders sein, sieht man in Amerika. Ja die haben den „War of Eyballs" schon verstanden. Es ist zugegebenermaßen ja auch keine schwere Rechnung. Bleibt die Anzahl der Unternehmen relativ konstant, so wird auch der Bedarf an Mitarbeitern relativ konstant bleiben. Nimmt jetzt aber die Anzahl der frei verfügbaren potentiellen Mitarbeiter ab, entsteht eine Lücke. Zu viele Unternehmen zu wenige Mitarbeiter.

Jetzt ist der Mitarbeiter in der bequemen Position und kann sich zurücklehnen und aus den Angeboten der Unternehmen auswählen. Das passiert heute schon bei den besten des Jahrgangs der Eliteuniversitäten. In Amerika bzw. in amerikanischen Unternehmen wird unter anderem enorm viel Zeit und Geld in die Akquisition neuer Mitarbeiter gesteckt, aber nicht irgendwelcher Mitarbeiter sondern der Besten! So werden die Besten der Besten gerne mal zum Bewerbungsgespräch bzw. zu einer „Kennenlern Woche" nach Mailand, Venedig, London, Shanghai oder in irgend eine andere angesagte Location der Welt geflogen, um das Unternehmen im bestmöglichen Licht darzustellen. Untergebracht in Luxushotels mit Freizeitaktivitäten, wie Golf oder Segeln und mit Events wie Galadinner oder Theater, wird versucht die potentiellen neuen Mitarbeiter dazu zu bewegen, einen sehr lukrativen Job anzunehmen, der viele, nicht nur finanzielle Vorzüge mit sich bringt.

Ein sinnvoller Ansatz auch in Deutschland? Durchaus! Es wird nicht so extrem werden, wie in den USA, doch schon alleine dem demographischen Wandel geschuldet, wird es eine Entwicklung in diese Richtung geben. Viele Unternehmen stehen einer immer kleiner werdenden Gruppe der potentieller jungen Arbeitgeber gegenüber.

Wir müssen also zukünftig als Unternehmer und Unternehmen auffallen. Ja Sie haben richtig gelesen, wir müssen auffallen, Begehrlichkeiten wecken und um die Mitarbeiten mit den Konkurrenten buhlen. Ich meine hier übrigens nicht, dass wir mit Gehältern buhlen müssen, nein Geld alleine reicht schon lange nicht mehr!

Neue Generationen erfordern neue Ansätze.

Groß gegen Klein war gestern, das hat auch schon David gegen Goliath bewiesen, wo der kleine David, mit einem einfachen „Instrument", den großen Goliath ins Straucheln bzw. zum Fall gebracht hat. Auf ein Unternehmen übertragen könnte das bedeuten, dass kleinere Unternehmen schon aufgrund ihrer Größe viel schneller und flexibler agieren bzw. reagieren können. Änderungen müssen nicht langwierig umgesetzt werden, ein Unternehmen mit 5 Mitarbeitern ist schneller informiert als ein Unternehmen mit 5000. Auch die Arbeit ist meist vielfältiger und nicht auf einzelne Tätigkeiten oder Gebiete begrenzt.

Schnell gegen langsam? Sicher eine kurzfristig erfolgsversprechende Methode. Doch immer der schnellste zu sein ist auch nicht immer zielführend, denken Sie dabei an Ihr Privatleben; ihr Partner wird das sicher bestätigen. Sportlich gesehen nehmen wir einmal einen Marathonläufer. Viele werden der Meinung sein, dass es hierbei auf Schnelligkeit ankommt. Unter dem Strich wird aber nicht derjenige gewinnen, der am schnellsten, sondern derjenige mit der besten Technik unterwegs ist. Auch in der Formel 1 gewinnt nicht der schnellste Wagen sondern der Fahrer, der ein perfekt eingespieltes Team im rücken hat, das sich am schnellsten und besten auf die stetig veränderten Bedingungen einstellen kann.

Anpassungsfähig und frech gegen starr und eingefahren. Langfristig werden sich die anpassungsfähigsten Unternehmen durchsetzen. Sie können sich immer wieder neu erfinden und auf neue Gegebenheiten und Veränderungen agieren. Sowohl das Anpassen und Improvisieren als auch der Pioniergeist kennzeichnen sein Wesen. Es gilt; auf eine veränderte Nachfrage, einen neuen Trend, eine neue Technologie, eine neue Art Mitarbeiter, veränderte Werte oder die wechselnde Gesetzgebung, schnell einzustellen.

Dies Methode kann übrigens auch hervorragend in der Natur beobachtet werden – aber ich will sie an dieser Stelle nicht mit Evolutionstheorie langweilen.

Lassen Sie uns an dieser Stelle noch über die in der Presse viel gelesene Generation Y sprechen. Die Generation Y stellt sich die Frage nach dem WhY dem Warum, daher das Y. Diese ist nicht auf der Suche nach dem dicksten Gehaltsscheck, sondern nach Sinn und Nachhaltigkeit. Dies stellt sehr viele Unternehmen vor ein enormes Problem, denn die Frage ist nicht mehr nach einem klangvollen Namen, einem coolen Produkt oder Lifestyle, sondern nach Sinn.

Um die Gruppe der zwischen 1980 und 1995 Geborenen besser zu verstehen, muss man sich auch im Klaren sein, dass diese Generation andere Wertvorstellungen hat, als andere Generationen, wie zum Beispiel die Babyboomer. Die Babyboomer scharen Besitz um sich. Alles ist auf Gewinn und Arbeiten ausgelegt. Statussymbole sind ein wichtiges Instrument zur Unterstreichung ihrer Persönlichkeit. Die Generation Y wird oftmals als faul und überheblich abgestempelt und sind der „Alptraum" der Personalchefs. Warum? Weil sie nicht alles mit sich machen lässt, weil sie hinterfragt. Wenn jemand zu ihnen sagt spring, fragen sie zumindest „Wie hoch?" Oder besser noch „Warum?" Sie sind in der Regel, das stimmt, in einer Zeit ohne große wirtschaftliche, politische oder gesellschaftliche Defizite aufgewachsen. Zumeist sind sie sehr gut ausgebildet und erwarten viele von sich und ihrer Umwelt. Sie sind die Weltverbesserer und wollen diese mit Sinn überfluten. Die Generation Y lebt nach Werten, die vom Sinn geprägt sind. Das Arbeitsleben spielt nicht die Hauptrolle, es ist Mittel zum Zweck. Nimmt der Job dennoch eine wichtige Rolle ein, dann, um Spuren zu hinterlassen, Themen wie Familie, Freiheit, Freizeit und Glück spielen die zentrale Rolle im Leben.

Wer zu dieser Generation gehört stellt sich regelmäßig die Frage: „Was mache ich hier eigentlich und warum?"

Viele Leute gehen einer Tätigkeit nach, die ihnen nichts bedeutet. Ein Freund von mir hat mal gesagt: „Das Leben findet außerhalb deiner Komfortzone statt." und er hat Recht. Viele sind in Ihrem Job unglücklich, trauen sich jedoch nicht die schlussendliche Konsequenz daraus zu ziehen, zum Beispiel zu Kündigen. Sie bleiben lieber in Ihrer Komfortzone, verändern nichts und jammern weiter vor sich und an andere hin.

Mein Tipp: Wenn sie auf der Suche nach Erfüllung sind, verlassen sie ihre Komfortzone und beginnen Sie zu Leben. Beginnen Sie mit der Suche nach dem Sinn – nach Ihrem Sinn. Nur Arbeiten ohne glücklich zu sein und ohne für die eine Sache zu brennen kann langfristig nicht zum Erfolg führen. Es ist höchstens Mittel zum Zweck.

Wenn nötig gehen Sie einen Zwischenschritt. Einige meiner Freunde leben das ansatzweise, ohne die schlussendliche Konsequenz (das kündigen ihres ungeliebten Jobs), aber von der gleichen Frage des Sinns angetrieben. Sie sind im Nebenerwerb selbstständig. Sie haben sich also auf die Suche nach dem Sinn, den ihre bisherige Arbeit nicht hergegeben hat, gemacht. Das sind Menschen, die täglich acht oder mehr Stunden ihre Zeit „absitzen", um sich dann nach Feierabend voll in ihre Selbstständigkeit reinzuhängen. Willig großartiges zu Leisten auch für schlechte oder gar ganz ohne Bezahlung. Das Ehrenamt boomt. Viele Junge Leute engagieren sich privat um ihren Beitrag zu Leisten.

Nun frage ich Sie als Entscheider oder Führungskraft bestimmt: Ist das nicht verschenktes Potential?

Wie bekommen wir als Unternehmen es hin, dieses Potential für uns zu gewinnen? Wie können wir diesen wahrhaftigen Schatz: Die Motivation, den Ehrgeiz, den Willen, die Begeisterung, zu bergen?

Wie ich dazu gekommen bin, dieses Konzept zu entwickeln

Ich selbst gehöre der Generation Y an, schreibe also nicht über theoretisch angelesenes Wissen, sondern kann von meinen eigenen Erfahrungen profitieren und erzählen. Oftmals werde ich darauf angesprochen, ob ich nicht zu jung sei, um das alles beurteilen zu können. Darauf kann ich nur antworten: „Zweifeln Sie niemals daran, dass eine Person oder eine kleine Gruppe von Menschen die Welt verändern kann – es ist das Einzige was bisher funktioniert hat."

Oft werde ich gefragt, was ich in meinem kurzen Leben schon alles erlebt bzw. erreicht habe. Es scheint oft, als hätten ältere Menschen weniger zu erzählen. Ich höre häufig Aussagen, wie „Hätte ich nur" oder „Wenn ich … hätte ich …" Genau hier liegt der Unterschied: Ich habe gemacht – ohne Angst vor Konsequenzen und Risiko. Meine Erfahrungen waren bei weitem nicht nur positiv.

Ich habe mir viele „blutige Nasen" geholt, habe aber nie aufgehört weiter zu machen. Wenn andere zu mir gesagt haben, dass etwas nicht geht bzw. möglich ist, war das für mich der Startschuss es erst recht zu versuchen.

Ich habe schon früh erkannt, dass man mit den Besten der Besten zusammenarbeiten muss, um selbst besser zu werden. Von den Besten und deren Erfolg lernen und profitieren, damit meine ich hier nicht billig kopieren, sondern mit offenen Augen durch das Leben gehen und alles was man für gut empfindet als eine Art Impuls aufzusaugen und gegebenenfalls weiterzuentwickeln oder in seinem Leben an passender Stelle einzusetzen.

Im Mittelstand wurde ich geprägt, im Großkonzern wurden mir die Augen geöffnet und in meiner Selbstständigkeit habe ich meine Berufung gefunden, meinen Sinn. Hier kann ich mich selbst verwirklichen und habe die Chance meine Familie und meine Berufung unter einen komfortablen Hut bringen. Ich habe heute zwar mehr Stress, als in meinem gut bezahlten, sicheren Job im Großkonzern aber ich empfinde ihn als positiver. Diese Auswirkung kann ihnen im Übrigen auch mein Arzt bescheinigen. Währen meiner Zeit im Großkonzern hatte ich Übergewicht und Bluthochdruck, von der gestörten Work Life Balance ganz zu schweigen. Der klassische Durchlauferhitzer eben, monatelang wurde galt es ein überdurchschnittliches Arbeitsvolumen abzuleisten aber es gab auch Tage, an denen habe ich mich zu Tode gelangweilt. Umgeben von mittelmäßigen Führungskräften galt das Mantra: „Schaue nicht nach rechts, schaue nicht nach links." mit solchen Scheuklappen lässt es sich nicht gut arbeiten. Die Zeit dort war von Fragen geprägt wie:

» Muss ich wirklich Aufstehen?
» Was mache ich hier überhaupt?
» Wie kann man beschäftigt aussehen, ohne etwas zu tun zu haben?
» Wann komm ich hier raus?
» Wann habe ich das letzte Mal gelacht? (Ich meine aus vollem Herzen)
» Welchen Wert habe ich?

Irgendwann war meine Schmerzgrenze überschritten. Auch auf Raten meines Arztes, der sich berechtigt Sorgen um mich machte, habe ich die Reißleine gezogen und mich in ein Sabbatical Jahr verabschiedet. Das war eine gute Zeit! Das sollte jeder mal machen, ernsthaft! Nicht irgendwann, sondern jetzt! – Heute ist ein Geschenk deswegen heißt es im Englischen auch: „the Present".

In meine Selbstständigkeit bin ich von heute auf morgen gestartet, allerdings unter den, schlechtesten Bedingungen. Kein Job, kein Geld, in freudiger Erwartung meines ersten Sohnes. Mein gesamtes Umfeld hat die Hände über dem Kopf zusammen geschlagen und an meiner Zurechnungsfähigkeit gezweifelt. Alle waren sich einig, gerade jetzt bräuchte ich und vor allem meine Familie Sicherheit.

Mit der Sicherheit ist das so eine Sache. In den meisten Fällen macht sie träge. Ich dagegen war mir sicher: Das, was ich brauche ist einen starken Willen und ein klares Ziel. Das war und ist heute noch Tag für Tag mein Antrieb.

Für die einen war der Zeitpunkt nicht optimal, für mich jedoch genau der Richtige. Zurück gehen oder aufgeben war nie eine Option. Gestartet im Wohnzimmer habe ich mich Stück für Stück hochgearbeitet.

Meine Botschaft an Sie: Wenn ich das kann, dann können Sie das schon lange, sie brauchen nur den Mut dazu.

Was hat sich geändert?
Gesundheitlich geht es mir heute besser denn je, das bestätigt mir auch mein Arzt. Zwar hat das Arbeitspensum enorm zugenommen aber der Stress ist ein anderer. Früher im Konzern hatte er negative Auswirkungen mental und körperlich. Heute jedoch gibt er mir Auftrieb und Motivation. Was ist anders? Heute mache ich das, worauf ich Lust habe, meine Arbeit ist keine Last – ich liebe was ich tue. Sinnerfüllt scheint Work Life Balance kein ausgleichsbedürftiger Begriff zu sein. Ich kann selbst entscheiden, wann und wie viel ich arbeite, das heißt für mich, es bleibt auch mehr Zeit für die Familie. Ich habe viel Zeit für meine Frau und meine Jungs, weil es mir wichtig ist.

Das schöne daran ist, es kann jeder für sich selbst bestimmen. Mir ist es eine Herzensangelegenheit, dies auch meinen Mitarbeitern zu ermöglichen. Arbeiten kann man heute überall, man brauch nur die Selbstdisziplin, dies auch zu tun, aber später mehr dazu.

Nun kennen Sie die Grundgedanken und die Motive des meines Konzeptes. All diese Impulse habe ich mit einfließen lassen in …

Das Konzept GEBEN

… denn wir Unternehmer sollten erst geben, dann nehmen, ähnlich wie beim Netzwerken ist es nötig, erst etwas auf das Beziehungskonto einzuzahlen, bevor man davon profitieren kann.

Der Kerngedanke hinter dem Konzept ist, wie wir Unternehmer es schaffen können, trotz und gerade wegen den beschriebenen Schwierigkeiten für Mitarbeiter attraktiv zu wirken und wie man es schafft, fit für die Märkte von Morgen zu werden. Wir müssen uns also in die Köpfe unserer zukünftigen Mitarbeiter begeben, um sie verstehen zu können, um zu erfahren wie sie ticken, was sie fühlen und um zu erfahren was sie antreibt.

Wie können Freiräume für Mitarbeiter genutzt werden, um den Sinn ihres Handelns gleichzeitig in den Mittelpunkt zu stellen. Verstehen Sie mich bitte nicht falsch, bei uns steht nicht der Mensch im Mittelpunkt. Das wäre auch nicht treffend, denn das haben bereits die Kannibalen von sich behauptet.

Genau wie bei jedem anderen Unternehmen steht der Erfolg im Mittelpunkt. Der Unterschied ist, für jeden unserer Mitarbeiter steht das Ergebnis, sein persönliches Ergebnis im Mittelpunkt. Alle wollen und alle haben den Ehrgeiz etwas zu bewegen, sie sehen einen Sinn in ihrem Handel – nicht zuletzt weil sie Sinnstifter sind.

Grundstein unseres Konzeptes ist auch, dass wir der festen Überzeugung sind, dass jeder Mensch einzigartig ist. Jeder hat individuelle Stärken, die wir als Unternehmer optimal fördern und für uns als Unternehmen nutzen sollten.

》 Universalgenie vs. Mensch

Wir sind uns im klaren, dass nicht jeder Mensch ein (überzogen dargestellt) Nobelpreisträger ist, diesen suchen wir aber auch gar nicht. Wir wollen Menschen mit Leidenschaft, die den Willen besitzen für das Unternehmen, für ihr tägliches Tun eine Sinnflut auszulösen.

Optimale Rahmenbedingungen

Augenhöhe
„Ein Boss gibt Anweisungen und schaut bei der Erledigung der Aufgaben zu, ein Leader bzw. ein Trainer, krempelt die Ärmel hoch und packt kräftig mit an"

Wir arbeiten mit unseren Mitarbeitern auf Augenhöhe, das heißt keiner ist besser oder schlechter gestellt, es gibt nur Spezialisten mit unterschiedlicher Ausprägung. Kein Statussymbole oder hinderliche und veraltete Hierarchieebenen, jeder kann seine Rahmenbedingungen so gestalten wie er möchte, hierzu aber später mehr.

Augenhöhe bedeutet aber auch, dass niemand hierarchisch besser gestellt ist. Der Chef wird nicht als Chef wahrgenommen sondern als Trainer bzw. Teammitglied.

Ein Trainer der die besonderen Fähigkeiten des Einzelnen kennt und diese einzusetzen versteht. Für die meisten Menschen bedeutet Managen und Führen bzw. Trainieren genau das Gleiche. Es sind aber völlig unterschiedliche Herangehensweisen.

Ein Manager verwaltet und kontrolliert meist sehr zahlenlastig. Eine Führungskraft bzw. ein Trainer beschäftigt sich mit Potentialen und Bedürfnissen, er sieht sein Engagement als Investition für die Zukunft.

Einer muss aber den Hut auf haben, denn einer trägt die Verantwortung für die in Summe entstehenden Einzelergebnisse. Ein Trainer gibt den „Spielern" vom

Spielfeldrand Anregungen und Impulse, jedoch ohne ihnen auf dem Platz im Weg zu stehen. Das geformte Team ist selbstverantwortlich unterwegs.

Interdisziplinäre Teams
„jeder hat einen Platz, jeder hat seinen Platz"

Wir arbeiten mit unseren Mitarbeitern in interdisziplinären Teams, das bedeutet jeder ist für sein Profit Center, für seinen abgetrennten Bereich zu 100% verantwortlich.

Er ist also wie ein Unternehmer aber doch ein Angestellter der aber unternehmerisch handeln und denken muss. Er kann also in seinem Bereich arbeiten, wie er möchte, wann er möchte und was er möchte, solange das Ergebnis passt.

Controlling
„Wer den Hafen nicht kennt, in den er segeln will, für den ist kein Wind der richtige."
Seneca

Wie stellen wir fest, ob das Ergebnis passt? Wir controllen das Ergebnis mit Hilfe des Ampelsystems. Eine sehr simple aber sehr effektive Methode, zudem enorm zeitersparend. Als Führungskraft reicht ein Blick um auf dem neuesten Stand zu sein. Jeder Mitarbeiter hat hinter sich, direkt an seinem Arbeitsplatz eine Tafel, bzw. eine Wand auf dem seine Ziele mit Hilfe des Ampelsystems abgebildet werden. Das Controlling erfolgt tagesgenau.

» **Grün** steht für, lass mich weitgehend in Ruhe, es läuft alles, ich habe alles im Griff.

» **Orange** steht für, lass uns mal reden, ich benötige Informationen, Unterstützung, mehr Entscheidungsspielraum oder Zeit.

» **Rot** steht für ich brauche unbedingt und sofort Unterstützung, sonst droht der Totalausfall, ein Gespräch ist sofort erforderlich.

Normalerweise kommt es aber nicht soweit, weil auch auf Seiten der Führungskräfte erhöhte Achtsamkeit bei einem Orange entsteht und vieles schon abgefedert werden kann.

Der Spaßfaktor

„Wenn man Spaß an einer Sache hat, dann nimmt man sie auch ernst." Uhlenbruck

In vielen Unternehmen kommt er leider zu kurz. Was als Kind noch selbstverständlich ist, nämlich mehrmals am Tag zu lachen, ist bei den meisten Erwachsenen leider eine echte Seltenheit geworden. Lauthals Lachen, wenn man sich komische Dinge, Witze erzählt oder eine besonders unansehnliche Grimmasse macht, hilft dem Team dabei sich zu finden.

Analog zum Sport auch hier wird in den meisten Fällen nach einem tollen Ereignis, einem Sieg, einer überragenden Leistung eines Einzelnen kräftig gefeiert und jede Menge Spaß gehabt. Warum auch nicht, oftmals liegen hinter solchen tollen Ereignissen eine Zeit voller Anstrengungen, ein Tal voller Entbehrungen und Tränen. Das haben sie als Führungskraft und das Team sich mehr als verdient.

Das Spaß bei der Arbeit einen produktiven Schub gibt und andere Menschen, wie ein Magnet anzieht, ist seit dem das Buch „fish" über den Seattle Fischmarkt erschienen ist, mehr als bekannt. Lachen, auch über sich selbst, bringt zwangsläufig eine angenehme Atmosphäre mit sich. Stellen Sie sich mal kurz vor. Sie müssten einen Raum betreten, wo nur Menschen mit ernsten Gesichtern anwesend wären. Wie würden Sie sich fühlen? Beklemmt? Oder sie hätten die Auswahl, einen Raum in dem lauthals Gelacht wird und man offensichtlich jede Menge Spaß haben kann.

» Was würden Sie hier fühlen?
» Für welchen der Räume würden Sie sich entscheiden?

Querdenken

„Wenn du denkst, dass ein Abenteuer gefährlich sein kann, dann probiers mal mit Routine, das ist tödlich." Coelho

Ein Todesstoß für jedes Unternehmen, denn oft kommt mit der Routine die Nachlässigkeit, die Betriebsblindheit. Einmal im Monat haben wir unseren „Hinterfrag Tag", alles wird kritisch hinterfragt an diesen Tag, ja, sogar das aufstehen. Spaß bei Seite, es ist wichtig das zu tun. An diesem Tag kommen Fragen wie:

» Ist das richtig was wir tun?
» Könnten wir es auch anders machen?
» Warum mache ich Dinge, wie ich es tue?
» Was gibt es noch für Möglichkeiten für mich?

Unterstützend hierzu haben wir im Unternehmen ein System eingeführt, das System „Lass mich in Ruhe"

Eine Wäscheklammer, die den anderen signalisiert, lass mich Bitte in Ruhe, ich versuche konzentriert zu arbeiten. Eine Unterbrechung würde mich und meinen Gedanken stören. Die Spielregeln sind, solche Mitarbeiter, die eine Wäscheklammer am Hemd oder Bluse haben werden prinzipiell nicht ange-sprochen, der Mitarbeiter wird in Ruhe gelassen, so wie er es wünscht, damit er voll konzentriert eine Top Arbeit mir sehr gutem Ergebnis abliefern kann. Sie denken vielleicht die Maßnahme wäre überzogen, aber die Erfahrung spricht eine andere Sprache.

Wie oft wurden Sie schon durch eine e-mail, einen Kollegen, einem Klingeln oder einem Klopfen regelrecht aus ihrem Gedanken gerissen? Haben und nehmen wir uns Ruhe, dann arbeiten wir effizienter und wesentlich schneller. Getreu dem Motto

„Manchmal sollte man weder mit, noch gegen den Strom schwimmen, sondern ein-fach mal aus dem Fluss klettern, sich ans Ufer setzen und Pause machen." unbekannt

Andere Generation andere Werte, anderes Verständnis von Arbeit
„If you can dream it, you can do it." Walt Disney

Was haben wir zu bieten? Das ist eine wichtige Frage, die wir Unternehmer uns regelmäßig stellen sollten. Es ist wichtig sich über seine eigenen Stärken im Klaren zu sein, um diese auch nutzen zu können. Die heutigen Mitarbeiter ticken anders, haben andere Werte, für viele gerade auch für Frauen ist es wichtig, ob man auch mal von zu Hause aus arbeiten kann. Welche Kultur ist im Unternehmen anzutreffen? Sie erinnern sich an meine Zeit bei dem Groß-konzern mit dem Motto:
„Schau nicht nach links, schau nicht nach rechts, geht dich eh nix an!"

Das reicht heute längst nicht mehr. Ich habe ja bereits über flache Hierarchien und eine spaßbringende Kultur auf Augenhöhe berichtet. Was noch wichtig ist, ist oftmals die Frage der Mitarbeiter: „Kann ich mich einbringen?" und wir sollten das den Mitarbeitern ermöglichen, in welcher Form auch immer. Bei Toyota zum Beispiel sind die Mitarbeiter dazu angehalten Verbesserungsvorschläge zu machen und dies tun sie auch. Im Durchschnitt macht ein Mitarbeiter bei Toyota 62 Verbesserungsvorschläge pro Jahr. Erlauben sie mir die Frage:

Wie viele Verbesserungsvorschläge machen sie als Führungskraft und wie viele Verbesserungsvorschläge machen ihre Mitarbeiter?

Lassen sie mich raten, sie kommen in Summe nicht auf die 62 – wenn doch, herzlichen Glückwunsch!

Dieses Potential sollten wir Nutzen, es ist viel zu schade, es zu missachten und nicht zu bergen. Der Mitarbeiter geht mit einem Problem, dass sie möglicherweise noch nicht einmal kennen, schwanger und überlegt sich eine adäquate Lösung. Das sollten wir fordern, fördern und entsprechend anerkennen.

Auch sollen wir uns mit dem Gedanken beschäftigen, der eigentlich sehr naheliegend, aber meistens doch so fern scheint. Der Gestaltungsspielraum des flexiblen Arbeitens. Viele Mitarbeiter wollen nicht von 9 bis 17 Uhr im Büro sitzen. Sie würden viel lieber schon in der Früh, nach dem Aufstehen die ersten Mails abarbeiten, dafür aber die Freiheit haben, erst nach dem Frühsport, dem Spaziergang, der Zeit für sich, ins Büro zu kommen.

Wir reden hier von Work-Life Balance, wenn wir das ermöglichen würden. Und mal ehrlich; die technischen Mittel gibt es zu Genüge, dann wäre die Vereinbarkeit von Arbeit und Privatleben kein ausgleichsbedürftiger Begriff mehr. Oft scheitert es jedoch nicht an den technischen Mitteln, sondern am Vertrauen. Hier muss ich ihnen sagen, wenn sie ihrem Mitarbeiter nicht vertrauen können, haben sie als Führungskraft etwas grundlegend falsch gemacht. Sie sollten sich oder ihren Mitarbeiter in Frage stellen. Fangen sie aber bitte zuerst bei sich selbst an.

„Ohne Vertrauen kann nichts wachsen"

Die einzelnen Bausteine des Konzept GEBEN

Freiraum Gesundheit

Das Thema Gesundheit und Ganzheit spielt eine der zentralen Rollen unseres Konzeptes. Lassen sie mich kurz folgende These aufstellen:

Alles in unserem Leben ist auf unserer Gesundheit aufgebaut.

Angenommen sie würden heute eine negative Diagnose bekommen, einen Unfall haben oder was auch immer und sie könnten von heute auf morgen nicht mehr Arbeiten, bedeutet das doch im Umkehrschluss: Keine Arbeit – kein Gehalt. Vor allem bei den Selbstständigen, die sehr oft an ihre Schmerzgrenze gehen, vielleicht auch gehen müssen, um über die Runden zu kommen.

Ich frage meine Klienten oftmals, was sie so monatlich für ihr Smartphone ausgeben, was geben sie aus? Die häufigste Antwort: 60–80 Euro. Wenn ich jedoch Frage, was sie für ihre Gesundheit ausgeben, werden Beträge zwischen 20 und 60 Euro genannt. Warum ist das so? Warum geben wir mehr für technische Hilfsmittel, als für unsere Gesundheit, auf derer unser ganzes Leben aufbaut, aus?

Wir müssen also Ganzheitlich denken, Arbeiten und Gesundheit stehen in einem unmittelbaren Zusammenhang und beeinflussen sich gegenseitig. Die Gesundheit steht aber auch im direkten Zusammenhang mit der Freizeit, eine Art Spannungsdreieck also. Wobei das wichtigste Gewicht bei der Gesundheit liegt. Bricht sie weg, gibt es oftmals keine Arbeit und keine Freizeit mehr.

Es ist ein Spiel auf Risiko, viele meiner Bekannten ignorieren erste Anzeichen wie Müdigkeit, Lustlosigkeit ebenso, wie Überdrehtheit, häufiges Kränkeln, Schlaflosigkeit oder versuchen es mit extremen körperlichen Aktivitäten zu kompensieren. Eine Frage an dieser Stelle: Würden Sie mit einem Auto, das heiß läuft noch schneller fahren oder würden Sie damit eher rechts ranfahren?

Der Körper reagiert unter extremer Belastungen, wie Stress, wenig Schlaf, etc ganz ähnlich. Dadurch wird unser Immunsystem geschwächt und der Körper sucht sich ein Ventil, um uns darauf aufmerksam zu machen: „Achtung ich laufe heiß!"

Reagieren wir darauf nicht und belasten den Körper noch zusätzlich mit extremen Aktivitäten, wird ähnlich, wie beim unserem Auto der Motor schaden nehmen.

Wir für uns haben das erkannt, dass es nicht nur aus unternehmerischer/ betriebswirtschaftlicher Sicht Sinn macht, sondern auch für unsere Mitarbeiter und deren Privatleben. Deshalb haben wir uns damit beschäftigt die Einflussfaktoren der Gesundheit herauszufinden und sind auf folgende gekommen:

» Ernährung
» Bewegung
» Entspannung

Diese drei Haupt-Bausteine beeinflussen unsere Gesundheit. Wir haben also bei uns im Unternehmen nur gesundes Essen, das wir gemeinsam zubereiten. Wir gehen mit unseren Mitarbeitern zusammen ins Fitnessstudio und arbeiten dort zusammmen, nicht mehr am Unternehmen sondern an einem gesunden Körper.

Das Thema Entspannung kommt auch nicht zu kurz, jeder Mitarbeiter kann frei entscheiden, wie er das tun möchte, alleine auf der grünen Wiese, Power Napping, progressive Muskelrelaxation, Pilates, Entspannungstraining, Outdooraktivitäten, usw. Es ist fast alles möglich.

Jetzt denken Sie vielleicht das ist verrückt – und sie haben recht, es ist verrückt es nicht zu tun!

Folgendes Rechenbeispiel:
Ein Mitarbeiter mit einem durchschnittlichen Jahresgehalt von 30.000 Euro im Jahr, verursacht bei den durchschnittlich anzunehmenden Arbeitstagen und Arbeitsstunden, pro Fehltag Kosten in Höhe von 160 Euro.

Nicht viel?

Überlegen sie wie lange ein Mitarbeiter mit einem Rückenleiden (Bandscheiben-vorfall) oder einem Burn-Out ausfällt. Meist keine Tage, sondern Monate und jetzt reden wir von richtig viel Geld, welches ich mit einem Bruchteil an Kosten für Prävention weitgehend verhindern kann. Ich verspreche Ihnen, sie können ihr Geld fast nicht besser investieren, denn auch mit viel Geld können sie sich keine Gesundheit kaufen.

Freiraum Entwicklung/ Entfaltung
Den Freiraum Entwicklung und Entfaltung haben wir und unsere Mitarbeiter auch für sehr wichtig erkannt. Wir haben diesen Freiraum noch mal folgender-maßen untergliedert:

» Werte
» Team

Werte:
Dass wir Menschen unterschiedliche Werte und Wertvorstellungen haben, ist ja bereits hinreichend bekannt. Auch, dass das oftmals zu Problemen und Missverständnissen führen kann. Unterschiedliche Wertvorstellungen, die uns seit unserer Kindheit prägen, kann man zudem nicht von heute auf morgen ändern oder ablegen, selbst wenn man das wollte. Wir müssen also als Unter-nehmer den für uns passenden Werte-Mix finden. Wie gesagt, alles gleich ist auch nicht immer die beste Lösung.

Wir setzen uns also mit unseren Mitarbeitern zusammen hin und überlegen uns auf unseren Strategietagen in den Bergen, für welche Werte das Team steht. Das ist zugegebenermaßen kein leichter Prozess, der viel Arbeit und Zeit in Anspruch nimmt, aber ein sehr lohnender.

Auch hier ist es wichtig, das gesamte im Team zu entwickeln, jeder soll und muss sich beteiligen. Besiegelt wird das visualisierte Ergebnis mit der Unterschrift der Mitarbeiter. Was wir mit der Unterschrift bezwecken ist Verbindlichkeit für den Einzelnen zu schaffen, so eine Art Vertrag ist da ein gutes Instrument.

Das fertige Ergebnis wird gerahmt und in den Büroräumlichkeiten aufgehängt, zusätzlich bekommt jeder Mitarbeiter eine schöne Postkarte, die er auf seinem Schreibtisch so platzieren darf, dass er zwangsläufig immer wieder mal darauf schaut.

Unsere Werte für die wir uns verpflichtet haben sind folgende:
» Vertrauen
» Spitzenleistung
» Positives Denken
» Pünktlichkeit
» Zuverlässigkeit
» Ehrlichkeit
» Rechtschaffenheit
» Keiner steht über dem Anderen
» Empathie

Empathie sei an der Stelle noch mal extra beschrieben, weil es ein zentraler Aspekt ist, um mit anderen Menschen im Sinne eines Teams umzugehen bzw. zu handeln zu können. Empathie beschreibt die Möglichkeit, sich in die Gedanken, Motive und Emotionen einer anderen Person hineinzudenken, sie zu erkennen und zu verstehen. Wenn alle ihre Mitarbeiter diesen Sinn haben, werden sie bemerken, dass das Zusammengehörigkeitsgefühl stetig wächst. Es gibt keine „Ego-Shooter", also Personen die nur nach sich schauen, sondern nur Teamplayer, die einem anderen auch mal gerne den Vortritt gewähren.

Die Werte, die sie hier ansetzen, bestimmen ausschlaggebend ihr Team! Potentielle Mitarbeiter werden sich angesprochen fühlen oder eben nicht. Beides nicht schlimm, sie müssen es einfach nur Wissen und Berücksichtigen. Ihr Employer Brandig wird sich nachhaltig verändern und verbessern.

Team:
Unser Team ist sehr durch den sportlichen Gedanken geprägt, nur zusammen können wir Erfolg haben. Jeder im Team hat eine Spitzenposition und jede Einzelleistung ist spitze, nur den Erfolg, den hat die Mannschaft. Lassen sie es mich auch mit einem Orchester vergleichen, die Führungskraft, der Chef ist der Dirigent, er weiß, wer welches Instrument spielt, er weiß bzw. kennt die Stärken und Schwächen des Einzelnen.

Nun ist der Dirigent also der Chef oder die Führungskraft gefordert die Stärken entsprechend punktgenau abzurufen, dafür zu sorgen dass aus einem einzelnen Instrument in Summe ein wohlklingendes Orchester entsteht in dem jeder weiß, wann er gefordert ist, in welche Richtung er gehen soll (Stück), was er zu tun hat und wann. Den Ruhm, der Applaus nach einem erfolgreichen Stück, gilt für jeden im einzelnen, als auch für das Team in dem sich jeder auf den anderen eingestellt hat und Rücksicht genommen hat.

Freiraum Begeisterung /Beurteilung

Der Freiraum Begeisterung und Beurteilung. Zum einen wollen wir Leute im Unternehmen, die mit Spaß an der Sache ihrem Leben einen Sinn geben und eine Sinnflut bei anderen auslösen, zum Anderen haben wir als Unternehmer aber auch eine Verpflichtung, den Erfolg. Wobei Erfolg in unserem Unternehmen zu kurz gefasst wäre, wir wollen den nachhaltigen Erfolg! Begeisterung und Beurteilung untergliedert sich folgendermaßen:

» Gleichgewicht/Gerechtigkeit
» Das können wir vom Sport lernen
» Mensch
» Führungskraft

Gleichgewicht und Gerechtigkeit

Wie schon beschrieben legen wir keinen Wert auf Statussymbole der Führungskräfte. Alle Mitarbeiter haben materiell gesehen die gleiche Ausstattung, sofern sie wollen. Will ein Mitarbeiter keine Apple Produkte, darf er sich gleichwertige Alternativen beschaffen. So haben alle unsere Mitarbeiter höhenverstellbare Tische, dies fördert zum einen die Muskulatur, den Durchfluss und den Flow und zum anderen wird dafür gesorgt, das Besprechungen sich in einem vernünftigen Zeitrahmen halten, irgendwann will man nicht mehr stehen. Alle Mitarbeiter haben Laptops, Handy, IPad, eben alles was dem Mitarbeiter das Arbeiten erleichtert oder vereinfacht. Wir leben in einer modernen Zeit, in der wir so finde ich zumindest das alles auch nutzen sollten.

Alle Mitarbeiter haben und bekommen die gleichen Informationen. Ich persönlich finde, man kann nicht genug kommunizieren, hier vertraue ich auf die Eigenständigkeit der Mitarbeiter, selbst entscheiden zu können, welche Information für sie relevant sind und welche nicht. Durch dieses System erreichen wir aber auch, dass der Mitarbeiter nicht sagen kann, das habe er nicht gewusst. Die Verantwortung hat sich verschoben. Ein nicht zu vernachlässigender Nebeneffekt ist auch, dass der Mitarbeiter tagesgenau weiß, wie die Firma da steht. Geht es dem Unternehmen nicht so gut, weiß der Mitarbeiter das, und etwas erstaunlichen passiert. Der Mitarbeiter wird Mitunternehmer und macht sich Gedanken, was er tun könnte damit die Situation verbessert wird. Er opfert vielleicht sogar seine Freizeit, holt sich rat bei Bekannten, um das Problem eigenständig lösen zu können, bzw. die Lösungsvorschläge dem Team zu präsentieren.

Das können wir vom Sport lernen
Wie gesagt, wir verstehen Führung nicht als autoritäres Instrument und schon gar nicht als von Gott gegebene Macht. Mitarbeiter werden mein den meisten Unternehmen von heute auf morgen Führungskräfte. Dieses „Herzlichen Glückwunsch, Sie sind nicht schnell genug weggerannt" System funktioniert aber in den seltensten Fällen. Von jetzt auf nachher Verantwortung zu haben, andere Aufgaben zu haben, ein Team zu leiten, begeistern und motivieren zu können und zu müssen ist eine echte Herausforderung und will gelernt sein.

In unserem System werden Mitarbeiter nicht von heute auf morgen Führungskräfte, sie werden analog zum Sport erst ausgebildet und erst dann eingesetzt. Erst wenn ein Mitarbeiter weiß was auf ihn zukommt und mit welchen Hilfsmitteln und Instrumenten er wie umgehen muss, wie das also alles von statten geht, ist er soweit um der Verantwortung auch gerecht werden zu können.

Wir bilden unsere Führungskräfte intern durch die bereits bestehenden Führungskräfte aus. Sie erhalten einen Einblick in Themen wie:

» Motivation
» Personalmanagement
» Projektmanagement
» Marketing
» Betrieblichem Management
» Führungssysteme und Führungsinstrumente
» Kommunikation und Konfliktmanagement

Erst wenn eine potentielle Führungskraft all diese Module durchlaufen hat, ist er vorbereitet, um einen sehr guten Job als Führungskraft machen zu können. Die anderen Führungskräfte stehen den neuen in fest verankerten Round Table Gesprächen zur Verfügung und helfen den Neuen gerne bei den ersten „Laufversuchen".

Sie inspirieren ihre neuen Kollegen und spornen diese zu Höchstleistungen an. Sie dienen als eine Art „Fels in der Brandung" und vermitteln Sicherheit und ein Zusammengehörigkeitsgefühl. Läuft etwas mal nicht optimal, stellen sie sich schützend vor den anderen, so dass nicht ein einzelner, sondern die Gruppe einen Misserfolg zu tragen hat.

Dies wiederum färbt auf die Mitarbeiter ab. Jeder weiß, warum es sich jeden Tag aufs Neue lohnt alles zu geben. Mit Zielen, die nicht nur Ziele sind, sondern emotional verdeutlicht durch Bilder, Musik oder Rituale. Visualisierung hilft den Menschen Dinge (be)greifbar zu machen, noch besser ist es allerdings sie es selbst tun zu lassen, frei nach dem Prinzip von Konfuzius:

„Erkläre es mir, und ich werde es vergessen.
Zeige es mir, und ich werde mich erinnern.
Lass es mich selbst tun, und ich werde verstehen."

In unserem Unternehmen dürfen zukünftige Führungskräfte und Mitarbeiter zu bestimmten Zeiten die Rollen wechseln. Nicht revolutionär, aber ein sehr gutes Instrument, machen sie mit mir einen gedanklichen Spaziergang:

Ein Ersatzspieler ist in der Regel nicht erfreut, dass er nicht auf den Platz auflaufen darf und sein Team nicht so unterstützen kann, wie er gerne möchte. Lassen wir diesen Ersatzspieler aber die Kabinenansprache halten, also in den Bereich des anderen (Führungskraft) eintauchen wird er enorm motiviert sein, obwohl er gar nicht spielen darf.

Er der Ersatzspieler bekommt die ehrenvolle und wichtige Aufgabe das Team optimal für das bevorstehende Match vorzubereiten, zu motivieren, heiß zu machen, den Sieg in greifbare Nähe zu stellen.

Glauben sie nicht auch, dass dieser Mitarbeiter vor Selbstvertrauen und Glück strotzt, obwohl, wir erinnern uns, er nicht spielen durfte. Er versteht, wie das

„große Ganze" zusammenhängt und wie ein Zahnrad in das andere greift. Er fühlt sich gewertschätzt und auf Augenhöhe mir den anderen Teammitgliedern.

Noch eines können wir vom Sport lernen: Hier gibt es Spezialisten mit mehr oder weniger festen Positionen, dieses stärkenorientierte einsetzen und entwickeln der Mitarbeiter führt auch im Unternehmen zum Erfolg.

Mensch

Dass wir davon ausgehen, dass wir es mit Menschen nicht mit Universalgenies zu tun haben, habe ich ihnen ja bereits erörtert. Bei uns steht der Mensch mit seiner Leidenschaft, die wir durch Sinnvermittlung anregen im Mittelpunkt. Sein „was treibt mich an", „was motiviert mich" und vor allem „was kann ich, wofür stehe ich", sind für uns zentrale Fragestellungen.

Ein Mensch mit einem ausgeprägten Selbstvertrauen in seine Fähigkeiten, der wenn er mit Unbestimmtheit konfrontiert wird sich emotional belastbar zeigt, im Vertrauen die neuartige Situation bewältigen zu können.

Unterstützt durch ein Team an Experten, das auf Augenhöhe agiert und durch gemeinsame Werte geprägt ist.

Bei der Mitarbeiterauswahl legen wir enormen Wert auf die Individualität der Bewerbungsunterlagen. Wenn wir Stellen ausschreiben, verlangen wir wenig von den üblichen Dingen, wir verlangen keinen Namen, kein Alter, keine Religion und auch kein Lichtbild. Für uns steht nur der Mensch mit seiner individuellen Erfahrung und Qualifikation im Vordergrund.

Auch das erste Bewerbungsgespräch läuft bei uns etwas unkonventionell ab. Hier sitzen wir uns nicht gegenüber und können uns in die Augen schauen, eine mobile Stellwand trennt Bewerber von Führungskraft. Die Entscheidungen die getroffen werden sind also ziemlich objektiv, wir konzentrieren uns auf Fakten und Können. Auch das meist zu vernachlässigte Bauchgefühl nimmt in so einem Entscheidungsprozess wieder eine größere Rolle ein.

Im zweiten Gespräch werden die Bewerber dann auf Herz und Nieren getestet. Sie präsentieren sich mit einem Elevator Pitch unterstützt durch Visualisierung.

In einem Elevator Pitch geht es darum, eine Kernbotschaft, ein Kerngedanke so kurz, wie möglich und nötig rüberzubringen. Zugegebenermaßen eine schwierige Aufgabe für die meisten, aber wer wenn nicht der Bewerber kennt sich mit seinem Lebenslauf, mit seinen Qualifikationen und Stärken aus. Uns hilft dieses Instrument die richtigen Mitarbeiter zu finden. Halten können wir die Mitarbeiter dann durch unsere Freiräume und unser einzigartiges Konzept.

Führungskraft

Die Führungskräfte spielen eine sehr wichtige Rolle im Unternehmen, deshalb werden sie bei uns, wie beschrieben ausgebildet und Vorbereitet. Der Charakter der Führungskraft muss durch Offenheit und Freude geprägt sein. Ich habe ihnen ja bereits beschrieben, dass bei uns nicht der Mitarbeiter im Mittelpunkt steht sondern das Ergebnis. Wie ist ein tolles Ergebnis nun zu erreichen?

Zum ersten in dem wir als Unternehmen de Rahmenbedingungen für unsere Mitarbeiter so schaffen, dass diese eine Sinnflut auslösen können, an diesem Punkt sei die Augenhöhe und das Querdenken noch mal in Erinnerung gerufen.

Ziele:
Ein Ergebnis hat auch immer etwas mit Verbindlichkeit zu tun, wie können wir nun das Ergebnis verbindlich für unsere Mitarbeiter machen. Zunächst sollen wir das gewünschte Ergebnis so konkret, wie möglich definieren. Wir sollten uns also im Klaren darüber sein, was erreicht werden soll. Hierfür verwenden wir im Unternehmen zur Zieldefinition die klassische SMART Formel:

» Spezifisch
» Messbar
» Attraktiv
» Realistisch
» Terminiert

Nur wenn mein Mitarbeiter weiß, was ich konkret von ihm verlange bzw. bis wann er Ergebnisse zu liefern hat, nur dann kann er eigenverantwortlich damit umgehen. Sie fragen sich vielleicht, warum bei mir das A für Attraktiv und nicht für Akzeptiert steht. Aus dem einfachen Grund: Wenn ein Ziel für Sie Attraktiv ist, haben sie es in der Regel auch akzeptiert.

Hinzu kommt dass ein Mitarbeiter sich zur Erreichung eines attraktiven Ziels viel mehr ins Zeug legen wird, als wenn dies nicht der Fäll wäre. Sicherlich ist es nicht einfach jedem Ziel eine Attraktivität einzugestehen, probieren sie es jedoch einmal mit Querdenken oder positivem Denken.

Wie gehen wir konkret vor? Wir setzen uns mit unseren Mitarbeitern zusammen und vereinbaren verbindliche Ziele. Nun heißt das ganze System ja „Ziele vereinbaren" und so sollten sie das bitte auch handhaben. Sie sollen ihrem Mitarbeiter kein Ziel überstülpen sondern zusammen im Gegenstromverfahren entwickeln.

Das heißt die Führungskraft gibt eine Zielrichtung vor zum Beispiel eine Umsatzsteigerung von 20% innerhalb der nächsten 6 Monate. Das war der Impuls von „oben", nun ist der Mitarbeiter gefordert zu überlegen, was diese zwanzig prozentige Umsatzsteigerung für sein Aufgabengebiet zu bedeuten hat. Das Ziel wird also konkretisiert bzw. operationalisiert. Als Führungskraft unterstützen sie bitte ihren Mitarbeiter bei der Ideenfindung und den Lösungsansätzen.

Jetzt kommt das Thema Verbindlichkeit. Ist das Ziel soweit festgezurrt, dass es im Sinne einer Vereinbarung für beide Seiten passt, wird dieses Ziel schriftlich fixiert und mit der Unterschrift bestätigt. Fragen sie ihren Mitarbeiter immer wieder auch mit Hilfe des Ampelsystems nach den Zielen, die sie vereinbart haben.

Nehmen sie sich gerade am Anfang etwas Zeit für ihren Mitarbeiter, um erkennen zu können, ob es Schwierigkeiten gibt, ob sie noch etwas tun müssen zum Beispiel Verantwortung übertragen, Entscheidungsspielräume oder sonstige Freiräume zu definieren.

Fixieren sie feste Termine zum Beispiel einmal im Monat oder einmal im Quartal, je nach Ziel, um zusammen mir ihrem Mitarbeiter auf die Ziele zu schauen.

Haben sie stets alles im Blick und intervenieren sie, wenn notwendig rechtzeitig.

Regelkommunikation:
Lassen Sie sich als Führungskraft regelmäßig updaten. Was in der Technik oftmals Routine ist, zeigt sich gerade im Umgang mit Mitarbeitern oftmals als schwierig. Nehmen sie sich Zeit für ihre Mitarbeiter und nehmen sie Ihre Mitarbeiter und deren Probleme ernst.

„nur eine informierte Führungskraft ist eine gute Führungskraft."

Durch Regelmäßige Treffen erreichen Sie eine Win-Win Situation. Sie sind stets gut informiert, ihr Mitarbeiter fühlt sich ernstgenommen und wertgeschätzt. Eine wichtige Basis, um ein gutes Zusammengehörigkeitsgefühl, wie in einem Team zu erreichen und um auf Augenhöhe agieren zu können.

Feedback:
Eine unserer Regel zu Feedback ist, dass es sofort zu erfolgen hat. Hat ein Mitarbeiter etwas gut gemacht, versuchen wir ihn dabei zu „erwischen" und ihn direkt für seine tolle Leistung zu loben. Aber auch wenn etwas schief läuft bekommt er die Anregungen direkt und nicht erst zeitversetzt. Sie fragen sich vielleicht warum?

Um wieder auf den Sport zurück zu kommen, hier bekommt der einzelne Spieler ein direktes Feedback zu seiner Leistung nämlich durch die Fans und den Trainer. So jubeln die Fans, auch direkt nach einem Tor und nicht erst auf dem Nachhauseweg. Dieses direkte Feedback hat unmittelbar Einfluss auf die Leistung, wer wird nicht gerne bejubelt oder bekommt ein anerkennendes Schulterklopfen? Die Spieler und im Unternehmen die Mitarbeiter werden alles versuchen, um diese Situation erneut herbeizuführen.

Zu meinen Klienten sage ich immer:
„Ein Lob kostet sie als Unternehmer nichts, außer höchstens Überwindung"

Beurteilung
Das wir im Unternehmen mit Zielen arbeiten habe ich ihnen ja bereits beschrieben, nun geht es auch mehr um die Beurteilung der Mitarbeiterleistung. Wir für uns haben definiert dass eine Beurteilung nicht von einem Einzelnen subjektiv getroffen werden kann, sie kennen ja das „Nasenproblem". Bei uns erfolgt die Beurteilung im 360 Grad Verfahren.

Wollen wir einen Mitarbeiter bewerten und seine Leistung bemessen, darf nicht nur die Führungskraft, sondern auch andere Mitarbeiter, Kunden, Lieferanten eben Personen, die sich täglich ein Bild von der Leistung eines Mitarbeiters machen können bewerten und Einfluss auf das Ergebnis nehmen. Es entsteht eine objektive Beurteilung, die beide Seiten besser annehmen können.

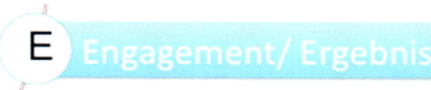

E Engagement/ Ergebnis

Freiraum Engagement/ Ergebnis

Der Freiraum Engagement und Ergebnis wird in drei Schwerpunkte ge-gliedert. Es gilt das Engagement der Mitarbeiter zu fördern und zu fordern, wie auch das gewünschte Ergebnis zu erreichen. Wie können wir also das Engagement unserer Mitarbeiter steigern? Durch mehr Freiräume. In unserem System haben die Mitarbeiter folgende Bereiche, in denen Sie frei entschei-den können.

» Geld
» Arbeitsplatz
» Zeit

Geld

Bei uns kann jeder Mitarbeiter verdienen was er möchte, hört sich doch ver-lockend an oder nicht? Allerdings gibt es wie bei vielen schönen Dingen im Leben einen kleinen Haken. Der Mitarbeiter kann zwar verdienen was er möchte, muss aber sein Gehalt multipliziert mit einem Faktor von 3,5 erwirt-schaften. Wie gesagt, auch bei uns steht das Ergebnis im Mittelpunkt. Die meisten Menschen haben allerdings eine vollkommen andere Herangehens-weise als bei einem Zeitlohn. Hier hat der Mitarbeiter den Hut auf, will er viel, muss er viel GEBEN. Ein sehr gereichtes und einfaches System, wie unsere Mit-arbeiter finden. Das Engagement und das Ergebnis bestärken unsere Entschei-dung.

Arbeitsplatz

Auch in der Wahl des Arbeitsplatzes sind wir vollkommen ohne Beschränkun-gen. Wenn ein Mitarbeiter aufgrund des langen Fahrtwegs lieber von zu Hause arbeitet, kann er dies gerne tun. Auch im Park, im Café, auf dem Balkon, in den Bergen, am Strand, im Garten – alles ist möglich, die einzige Bedingung ist er kommt ins Internet. Wir sind der Meinung, dass sich über kurz oder lang die Entwicklung einstellen wird, dass Bürogebäude im herkömmlichen Sinne nicht mehr benötigt werden. Immer mehr Menschen versuchen die Arbeit in das Leben zu integrieren und Wege und Möglichkeiten zu finden Familie und Beruf zu vereinen.

Zeit

Auch in diesem Bereich hat der Mitarbeiter die Freiheit sie so zu gestalten wie er möchte. Vor allem junge Mütter finden dieses Konzept sehr ansprechend, es bietet die Möglichkeit die Zeit so einzuteilen, wie sie ohne große Reibungsverluste in den Tag passen. Unsere Arbeitszeiten sind frei wählbar, der Mitarbeiter kennt seinen Tagesablauf, seine Gewohnheiten am besten. Es gibt ja auch unterschiedliche Menschentypen, der eine arbeitet gerne früh morgens, der andere will morgens lieber noch seine Ruhe arbeitet dafür aber bis spät abends. Je nach Präferenz ist das bei uns möglich. Auch eine lange Mittagspause oder ein Spaziergang mit den Kindern ist zwischendurch möglich. Der Mitarbeiter steht in seiner Verantwortung das zu erwirtschaften, was er angesagt hat.

Durch diese Freiräume fällt es den meisten unserer Mitarbeiter viel leichter Beruf, Familie, Privatleben unter einen Hut zu bringen. Die Leistung spricht für sich. Der Mitarbeiter entwickelt ganz von alleine ein Gespür dafür wenn er im Unternehmen gebrauch wird und wann er seine Freiräume wieder voll auskosten kann, ein Mitunternehmer eben.

Freiraum Nachhaltigkeit Nutzen

Die Nachhaltigkeit als auch der Nutzen ist auf beiden Seiten. Der Mitarbeiter kann durch die vielen Freiräume sich selbst verwirklichen und seinen Sinn leben. Wir schaffen die optimalen Rahmenbedingungen, um im Team erfolgreich zu sein und um seine eigenen „Spuren im Sand" zu hinterlassen.

Die Wirkung des Konzeptes „Die Top 7"

1. Starker Zusammenhalt nicht nur innerhalb der Unternehmung
2. Das Unternehmen und das Team entwickeln sich selbstständig
3. Die Mitarbeiter sind emotional an das Unternehmen bzw. ihre Arbeit gebunden (Sinnflut) und leisten viel mehr
4. Positive Vorbildfunktion und abstrahlen des Handelns auf die Gesellschaft
5. Vom Sinn erfüllte Menschen sind aktive Menschen, die sich neue Ziele setzen, neue Aufgaben suchen

6. Vom Sinn angetriebene Menschen sind in der Lage loszulassen und zu entspannen, auch während der Arbeit. Work-Life ist für Sie kein ausgleichsbedürftiger Begriff.

7. Vom Sinn angetriebene Menschen sehen sich als Gestalter, ihrer Arbeit, ihres Lebens, sie sind von einem starken Willen und klaren Zielen angespornt

Fazit

Um auf mein Eingangszitat zurück zu kommen.

Danke dass sie sich mit mir auf die Reise begeben haben, um zu schauen, wo wir hin kämen wenn einer vorweg ginge. Ich hoffe dass sie viele Impulse und neue Denkansätze bekommen haben. Die sie umsetzen wollen.

Mir ist bewusst dass das Konzept nicht ohne Weiteres in jedes Unternehmen implementierbar ist, dennoch würde ich sie bitten sich mit ihren Mitarbeitern auseinander zu setzen und zu überlegen, wie sie die für sie wichtigen Punkte beiderseits in ihr Unternehmen übertragen können. Dieser Transfer wird der Startschuss für eine neue und spannende Reise, das verspreche ich ihnen.

Nicht nur mir geht es mit unserem ganzheitlichen Konzept besser, auch unsere Mitarbeiter. Diese können Einfluss auf das Unternehmen nehmen und weiter an ihrer Sinnflut arbeiten.

Ihr Unternehmen und ihre Mitarbeiter werden fit für die Märkte von Morgen!

Johannes Glatzle
Speaker und Experte für „Gesunde Führung".
Ich freue mich auf den Kontakt mit Ihnen.
Ihr heißer Draht zu mir 0160 536 11 55,
www.johannesglatzle.com

Suzanne Grieger-Langer

Führung – 007 statt 08|15

Suzanne Grieger-Langer

Profiler Suzanne Grieger-Langer fordert den Status Quo der Schmuseführung heraus, indem sie Performer von Pfeifen und Psychopathen befreit. Sie sind bei ihr nicht richtig, wenn Ihnen Mittelmaß genügt, sie sind bei Ihr goldrichtig, wenn Sie die Top-Liga entscheidend mitgestalten wollen.

Claim

Persönlichkeit . Macht . Sinn

Nutzen des Beitrags für den Leser

Profiler Suzanne Grieger-Langer ist u.a. Instruktor für Survivability (Überlebensfähigkeit im Hoch-Risiko-Bereich). Sie überträgt die ersten 007 Axiome für Agenten in die Welt der Wirtschaft für engagierte Manager auf Erfolgskurs.

Professionalität

Profiler Suzanne Grieger-Langer – Diplom-Pädagogin, Psychologin, Psychotherapeutin – Bestseller-Autorin, Herausgeberin, Lehrbeauftragte – erfolgreiche Unternehmerin seit 1993.

Sie ist die Frontfrau der Grieger-Langer Gruppe mit einem Mitarbeiternetzwerk, das sich mit 150 Experten um den Globus spannt. Spezialisiert auf Führung, entwickelt die Gruppe weltweit Personen zu Persönlichkeiten. Ihr Profiling ist der Schlüssel zu 7 Milliarden Menschen. Mit ihrem Betrugsschutz stärken sie die Gesellschaft. Ihr USP ist die Berechnung von Charakterprofilen auf dem Niveau des psychogenetischen Codes.

Wenn nicht sie, wer dann, kann Ihnen helfen, durch die Untiefen der Menschheit zu steuern?

Die Presse über Profiler Suzanne Grieger-Langer:
Cosmopolitan: "Der Coaching-Guide!", Focus: "Die Profilerin!", Deutsche Welle: "Das Orakel!", BR: "Höchstbegabt!", Süddeutsche Zeitung: "Begehrter Rat!", Querdenker Magazin: "Mit Grieger-Langer wird es eine Mission Possible!" ...

Bücher | Veröffentlichungen

» Die 7 Säulen der Macht, Junfermann, 3. Auflage
» Die Tricks der Trickser, Junfermann, 2. Auflage
» Führung – 007 statt 08|15, Profiler's Publishing
» Profiler's 007 P der Führung, Profiler's Publishing

» Profiler's Update – der Videoblog | www.profilersupdate.com
   SonntagNacht, Zeit für Macht! Jeden Sonntag, um 0.07 Uhr …

Woran erkennen Sie persönlich, dass Sie eine gute Führungskraft sind?
Daran, dass der Laden läuft, daran dass low-performer vor mir weglaufen, daran dass mir Leistungsträger aktiv zulaufen und daran, dass wir ganz vorne mitmischen – seit 21 Jahren!

Was sind für Sie die wichtigsten Bestandteile guter Führung?
Wow, das in ein paar Zeilen, was ein ganzes Buch füllt … Nun, denn: Das sind meine Profiler's 007 Ps der Führung. Eines und das krönende dieser Ps ist – na klar – Personality, die Persönlichkeit.

Erfolg ist personenbezogen. Es ist der Einzelne, der den Unterschied macht, der das Erfolgsgen hat, der sich einbringt. Ich brauche für Erfolg nicht irgendwen, sondern den ganz speziellen für diesen einen Job.

Beziehung ist personenbezogen. Erfolg ist ab einer gewissen Größe nur im Team zu erringen. Im Team brauche ich echte Typen, keine Amöben, die das Projekt tatendurstig nach vorne treiben und sich bei aller Eigenwilligkeit aufeinander einlassen und sich gegenseitig unterstützen.

Erfolgt geht also nicht ohne Beziehung – und beides verlangt Persönlichkeit. Wer mehr zur Persönlichkeit lesen will und zu den weiteren 6 Ps der Führung, findet alles in meinem Buch 'Profiler's 007 P der Führung' (Profiler's Publishing).

Wie haben Sie zu Ihrem unverwechselbaren Führungsstil gefunden?
Trial and Error. In den ersten Jahre habe ich noch viel zu sehr auf den Mainstream gehört und mich nach Maß verbogen, was nicht nur meine Stimmung, sondern auch die Ergebnisse gedrückt hat. Es waren dann meist die unternehmerisch schwierigen Situationen, die mich dazu brachten einfach meinem Instinkt zu folgen. Die durchschlagenden Erfolge mit meinem sehr eigenen Stil haben mich darin bestärkt, mein Ding in meinem Stil durchzuziehen. Was mir die Rosa-Watte-Fraktion der Psychologen allerdings als Egoismus auslegt. Als Unternehmerin kann ich dagegen halten, dass genau dieser Stil unwiderstehliche Sogwirkung auf Leistungsträger hat.

Welchen Stellenwert haben die Themen Soft Skills und emotionale Intelligenz in Ihrem Führungsstil?
Beide Themen halte ich für unverzichtbar. Gleichwohl definiere ich sie sehr eigen.

Soft Skills ja, doch nach dem Harvard Prinzip: Sanft zur Person, hart in der Sache. Und emotionale Intelligenz bedeutet nicht, dass alle mit ihren Befindlichkeiten bei mir durchkommen. Im Gegenteil habe ich als verantwortliche Person nicht das Recht Idioten gegenüber tolerant zu sein. Es ist im Ernstfall sogar mein Job, sehr klar und konsequent zu handeln. Meine emotionale Intelligenz bezieht sich dann eher auf die Analyse, als auf den Einsatz. Ich habe keinen therapeutischen, sondern einen Managementauftrag.

Wie viel menschliche Nähe ist zwischen Führungskraft und Mitarbeitern möglich, wie viel Distanz nötig?
Ich fasse diese Herausforderung gerne mit drei weiteren – den kleinen – Ps:

Professionell bin ich vor Ort, das ist mein Auftrag; persönlich lasse ich mich ein, das ist mein Anspruch; privat bleibe ich immer aussen vor. Sprich: Sich professionell einzusetzen, ist ja logisch und ich empfehle dringend, das auch mit einer persönlichen Note zu tun. Doch alles Private hat im Job nichts verloren. Zur Feinabstimmung: persönlich bin ich auf Small-Talk-Niveau, wie ich es auch auf einer Party mit Unbekannten halten würde, privat bin ich ausschließlich in meinem privaten Kreis.

Wie lautet Ihr ultimativer Führungstipp?
Just do it!

Intro

Ich bin Profiler und ob Sie es glauben oder nicht, ich glaube an das Gute im Menschen – nur sehe ich es wenig entwickelt.

Und es wird Ihnen nicht schwerfallen zu glauben, dass ich an Leistungsträger glaube – ich sehe sie allerdings von Luftpumpen und Idioten bedrängt. Ich schreibe Ihnen hier, um Sie für eben solche ruinösen Menschen zu verderben und bin gespannt, ob es gelingt.

Doch zurück auf Anfang. Wer bin ich?

Ich bin Profiler. Im Fernsehen sehen Sie es so: Wenn die Feld-Wald-und-Wiesen-Polizei nicht mehr weiterkommt, dann hat sie noch ein Ass im Ärmel, das ist die Visitenkarte vom Profiler. Und binnen Sekunden erscheinen auf Ihrem Flachbildschirm Agent Johnson mit Agent Johnson, in schwarzem Trenchcoat und cooler Sonnenbrille, schnuppern an einem abgebrochenen Zweig, blicken souverän über den Tatort und verkünden: „Suchen Sie einen Weißen, zwischen 30 und 40, Verwaltungsfachangestellter, war früher Bettnässer."

Alles, was Sie da sehen ist wahr – nur dass ich nicht an einem abgebrochenen Zweig schnuppere. Nein, nun mal im Ernst. Ich bin Wirtschaftsprofiler. Meine Kollegen aus dem Sonntagstatort, die Kommissare, kommen erst am Ende der kriminellen Nahrungskette, wenn es längst passiert ist. Und das ist es, worum es geht: Es soll gar nicht erst passieren. Mein Job ist es, die Tat zu verhindern, in dem ich Typen durchleuchte, um Täter auszusortieren.

Und während ich das mit viel Leidenschaft tue, bleibt mein Blick natürlich nicht für die Auftraggeber verschlossen. Ob es nun um einen Bewerbungsprozess für eine Spitzenposition geht oder die Vorbereitung einer besonders wichtigen Verhandlung. Nicht nur das Gegenüber habe ich Visier, sondern auch meinen Geschäftspartner, denn diesen soll ich bestmöglich vorbereiten. Dabei fällt mir erschreckend oft auf, dass viele Unternehmer eher für Liquidität arbeiten, denn für Rentabilität. Das muss nicht sein und dafür braucht es auch keine Raketentechnik, sondern die folgenden 007 Axiome für Agenten. Ich habe sie auf Ihren Managementalltag übertragen.

007 Axiome für Agenten der Wirtschaft

Woher ich die 007 Axiome der Agenten habe? Ich bin Instruktor für 'Survivability'. Das ist ein Bereich der Nachrichtendienstpsychologie und der erste Teil der Ausbildung besteht schon darin, das Wort 'Survivability' richtig aussprechen zu lernen. Worum es geht? Survivability ist das Überleben im Hoch-Risiko-Bereich. Das meint aber weder wie Nehberg im Schlüpfer um die Welt zu segeln oder wie McGuyver mit Tesa und Schweizer Messer die Welt zu retten. Survivability meint in einem Umfeld, das geradezu verrückt spielt, zu überleben. Und auf Ihre stumme Frage, welche Waffen es dazu braucht – es geht dabei gar nicht so sehr um den Angriff, sondern um die geschickte und damit unsichtbare Verteidigung. Ihre Waffe ist Ihr Verstand!

Der erste, der die Axiome für Agenten öffentlich machte, war 1991 der FBI Agent Frank Watanabe, 19 Axiome postulierte er, dann wurden es über die Jahre 38 Axiome und nun? Mittlerweile sind sie aus dem Internet verschwunden – Sie dürfen sich selbst einen Reim darauf machen.

Und schon geht es los. Die folgenden 007 Axiome für Agenten sollen Sie nicht nur über den Tag bringen, sondern in die Zukunft. Also aufgepasst.

001 Orientierung

Hinter mir kichert es. Das ist nicht ungewöhnlich. Aber was jetzt kommt, das ist völlig neu in mehrjähriger Zusammenarbeit: "Niemand macht solche Fotos!" Und kichert weiter. Jess, meine Assistentin, gibt doch tatsächlich Ihre asiatisch Zurückhaltung auf. Das ist ein untrügliches Zeichen dafür, dass ich vielleicht doch etwas neben der Spur fotografiere. Ich lasse mich aber nicht beirren und mache weiter.

Was ich fotografiere? Mein Auto. In schöner Regelmäßigkeit, manchmal sogar mehrmals täglich. Nein, das ist kein Zwang. Das ist eine Notwendigkeit. Nein, Ich bin keine Autofanatikerin, Autoliebhaberin oder vielleicht Fotografin für Autos. Ich bin auf Geschäftsreise, ständig, und wenn ich nicht fotografiere, wo ich im Parkhaus mein Auto abgestellt habe, finde ich es im Leben nicht wieder.

Suzanne Grieger-Langer

Es ist also besser, ich mache mich jetzt, bevor wir beide in den Flieger steigen, vor meiner Assistentin lächerlich, Als dass wir morgen mit einem Suchtrupp mitleidiger Mitreisender das Auto suchen – denn das ist unumstritten peinlich.

Ich kann Ihnen gar nicht sagen, wie oft ich schon vor dem Kassenautomaten meditierte und auf göttliche Eingebung von Parkdeck und Platznummer hoffte, bis es endlich Handys mit Fotofunktion gab. Hallelujah!

Es macht mir also verständlicherweise ein diebische Freude mein Publikum gleich zu Anfang meines Vortrags mit Fangfragen zur Orientierung auflaufen zu lassen. Wie das geht?

Meine erste Frage – und Sie können sie sich ja gleich mitbeantworten: Wissen Sie, wo es hier etwas zu essen gibt? Meinst sehe ich dann eine Menge Hände oben. Klar, weiß man das.

Und nun meine zweite freche Frage: Wissen Sie, wo die Toiletten sind? Hier ernte ich nicht nur Lacher, sondern garantiert alle Hände oben. Klar, das wissen immer alle.

Und nun meine dritte Frage: Wo sind die Notausgänge? – Hier lichtet sich der Ärmelwald bedenklich. Wie jetzt, Notausgänge? Nein, daran hat kaum einer gedacht. Nach denen schaut man doch nur, wenn man in Not ist.

Genau das ist das Problem. Die meisten Menschen – und damit auch die meisten Manager – sind rein bedürfnisorientiert: Wo ist das Futter und wo bringe ich es wieder weg. Einen Notfallplan haben die wenigsten. Aber lassen Sie mich eines aus Erfahrung sagen. Sie können Not und Krisen nicht planen. Die passieren einfach so. Sie können auch nicht sagen, ich wohne in einem erste Welt Land und alles bleibt gut. Das mag für die Masse der Bevölkerung gelten. Aber wer kann sicher sein, dass nicht ein einzelner Verrückter es gerade auf Sie abgesehen hat. Zu sagen, ich tue niemandem etwas, mir macht selbst dann auch keiner was, ist wohl etwas naiv.

Das erste, was Agenten lernen und das erste, was Agenten in einer neuen Situation tun, ist, sich zu orientieren. Damit das nicht alle paar Minuten neu erfolgen muss, braucht es logischerweise eine Grundsatzorientierung. Diese Orientierung ist Ihr Maßstab, um sich zurechtzufinden und spontan neu zu justieren. Sie brauchen Orientierung an zwei Polen:

1. woher

2. wohin

Die erste Frage nach dem woher meint weder Ihre gesellschaftliche oder familiäre, noch Ihre örtliche Herkunft. Es meint Ihr WARUM. Es geht um das WHY der Generation Y. Sie müssen sich – und um glaubwürdig zu sein auch anderen – beantworten: warum sind Sie hier überhaupt angetreten.

Diese Frage ist existentiell denn sie orientiert und verortet Sie in drei Dimensionen: erstens persönlich, zweitens pragmatisch profitabel und drittens auch politisch. Damit stehen Sie felsenfest ohne an Flexibilität zu verlieren. Und weil dieses 001 der Orientierung so existentiell wichtig ist, verweilen Sie bestmöglich solange hier, bis Sie sich die Fragen nach dem Warum eindeutig beantworten können.

Es geht nicht darum, was Sie im Einzelnen tun. Es geht nicht darum, wie Sie das tun? Es geht für Sie selbst und für Ihr Gegenüber einzig darum, warum Sie das tun, was Sie tun. Simon Sinek entwickelte hierzu den goldenen Kreis – the Golden Circle.

Zum Hintergrund: Die meisten Menschen und auch die meisten Unternehmen wissen, WAS sie tun. Ob klein oder groß, egal in welcher Branche, können alle erklären, welchen Service sie bieten und welche Produkte sie herstellen. Dies ist das WAS. Und es ist leicht zu identifizieren.

Die Besseren unter ihnen wissen zusätzlich, WIE sie tun, was sie tun. Hier sind wir im besten Falle beim Alleinstellungsmerkmal. Es geht darum, abzugrenzen, wie verschieden und wie viel besser das eigene Angebot im Vergleich zur Konkurrenz ist. Leider glauben die Meisten, dass dies die treibende Kraft im Entscheidungsprozess ist. Doch das ist es nur auf der oberflächlichen Ebene, auf der Ebene der Anreize, denn ein entscheidendes und emotionsgebendes Detail fehlt: das warum.

Nur sehr sehr wenige Menschen, geschweige denn Unternehmen, können klar formulieren, WARUM sie tun, was sei tun. Das WARUM, meint nicht, das Geld zu verdienen. Geld zu verdienen ist weder für Menschen noch für Unternehmen das Ziel, es ist die Voraussetzung, um das zu tun, was sie tun. Geld – ein reines Tauschmittel – ist Voraussetzung für gute Leistung und Resultat guter Leistung.

Beim WARUM aber geht es darum, zu formulieren:

» WARUM stehen Sie jeden Morgen auf?
» WARUM existiert Ihr Unternehmen?
» Und WARUM sollte das irgendjemanden interessieren?

Und dabei ist eben dieser Beweggrund nicht nur der Motivator für Sie, sondern auch für Ihr Gegenüber!

Ich empfehle jedem dringend! sich grundsätzlich zu orientieren. Wenn Sie Erfolg haben wollen, müssen Sie orientiert sein. Wenn Sie nachhaltig sein wollen, müssen Sie orientiert sein. Wenn Sie Lust am Leben und Leichtigkeit haben wollen, müssen Sie orientiert sein.

Wie das geht? Hier die vier Schritte der Orientierung für

Agenten	Anfänger
1. Was ist der Sinn Deines Lebens?	1. Was ist der Sinn Deines Jobs?
2. Leben diesen Sinn so, dass er Dich und die Deinen ernährt!	2. Arbeite so, dass es lukrativ ist!
3. Messe alles – wirklich alles – an Deinem Sinn. Dient es dem Sinn Deines Lebens, so gehe dieser Chance nach. Dient es dem Sinn Deines Lebens nicht, so verwerfe diese Verführung und bleibe auf Deinem Weg.	3. Messe alles – wirklich alles – am Anspruch Deines Jobs. Dient es der Erfüllung Deines Jobs, so gehe dieser Chance nach. Dient es der Erfüllung Deines Jobs nicht, so lasse Dich nicht ablenken und mache Deinen Job.
4. Du wirst automatisch erfolgreich sein – mit Leichtigkeit und Nachhaltigkeit!	4. Du wirst automatisch erfolgreich sein!

Wow, das sind große Fragen. Ja! Und darum ist jeder im Vorteil, der sich die sehr sinnvolle Mühe gemacht hat, sich diese Fragen zu beantworten. Die meisten scheitern schlicht an der ersten Frage und sind damit auch sofort raus aus der Championsleague. Wollen Sie ganz oben mitspielen? Wollen Sie die oberste Liga entscheidend mitbestimmen? Dann stellen Sie sich der Frage: Was ist der Sinn Deines Lebens.

Lassen Sie sich gern Zeit bei der Beantwortung. Ich habe Jahre gebraucht und über Jahrzehnte beobachte ich, wie sich mein Sinn immer schärfer herauskristallisiert.

Wie mein WARUM lautet? Ich bin angetreten, um den Status Quo der Schmuseführung herauszufordern. Ich sehe das Potential der Leistungsträger und schütze sie vor Pfeifen und Psychopathen!

002 Entscheidung

„Und? Was machen wir jetzt?", „Tja." … Schweigen.

Kennen Sie das? Es geht nicht voran, keiner macht auch nur einen halbherzigen, geschweige denn waghalsigen Versuch die Situation zu steuern. Aggressives Abwarten ist die Devise, bevor man für etwas verantwortlich wird oder sich womöglich das Gemaule der Gemeinde einhandelt. Erstmal nichts tun und die anderen erwartungsvoll anschauen.

Das sind Situationen für die ich einfach nicht geboren bin. Ich möchte etwas tun. Ich muss dann einfach etwas tun. Allerdings weiß ich aus Erfahrung, dass hier die Abseitsfalle droht. Also was tun?

Ich werde es Ihnen an einem Mädchenbeispiel erläutern. So mancher Mann macht dasselbe durch, doch es passt so wenig zum Bild des coolen Managers, dass wir es Mädchenbeispiel nennen wollen. Folgendes passiert: 6.12 Uhr morgens und der Bund meiner Hose sagt, mir dass ich weit weg von dem bin, was eine Bikinifigur genannt wird. Da ich mich für Luft bekommen oder untenrum luftig bleiben, entscheiden muss und die gute Erziehung siegt, stehe ich so gegen 6.18 kurzatmig am Frühstückbuffet des Hotels. Aus Sportsgründen habe ich die Treppe benutzt und mir dabei überlegt, dass heute der erste Tag meiner neuen Abnehmphase ist. Aber kaum wabern auf mich Kaffee und Brötchengerüche zu, da stehe ich auch schon vor der amerikanischen Form des

Kandis, Kellogg's Frostiers, mannomann und die sind nicht nur lecker, da habe ich immer das prima Gefühl, den Tiger im Tank zu haben, solange der Zuckerschock anhält. Unbeholfen mit mir und meiner Abnehmidee ringend, habe ich Glück im Unglück der Versuchung und eine Gruppe Chinesen drängelt mich weiter. Schwupps, das warme Buffet, auch nicht schlecht, aber da war doch was: man darf doch total fettig essen, wenn man irgendwas anderes weglässt. Was war das bloß? Äh, und wieder zu langsam, die Leute drängeln sich vor und ich stehe vor den Plunderteilchen… Ich will es kurz machen. Irgendwie kriege ich die Kurve und bleibe hart, weil ich doch als Top-Managerin nicht vor einem ollen Leberwurstbrötchen einknicke. Ich habe dann nochmal schwere Zeiten in der Vormittagspause, während ich neidisch auf die anderen mit ihren Keksen und Schmatzriegeln schiele. Mittags rette ich mich mit angeblich wichtigen Telefonaten vor der Creme Brulet. Und wenn Sie meinen, toll, die hat's drauf. … Nein, hat sie nicht! Ich bin spätestens um 17.00 Uhr so gar, dass kein Keks und keine Schokolade in Greifweite vor mir sicher sind. Tatsächlich schaffe ich es, in der zehnminütigen Nachmittagspause so viele Kalorien in mich hineinzustopfen, wie ich es mir mit regulärem Essen über den ganzen Tag niemals möglich gewesen wäre.

Und dieses Verhalten steht nicht nur in Zusammenhang mit meiner Figur, sondern auch mit der Führung in unserer Wirtschaft. Da schießt einem morgens oder wann immer ein Impuls durchs Hirn und wird mal direkt unüberlegt angefangen. Weil aber das Ganze weder Konzept noch Kondition hat, ist alles nach ein paar Stunden / Woche / Monaten schon nicht mehr wahr.

Und es bleibt alles beim Alten? Nein, es wird schleichend schlimmer – ob Figur oder Führung. Was also braucht es? Zuerst einmal die Einsicht, dass es eine richtige Entscheidung braucht, statt eines halbherzigen Impulses!

Sie gewinnen in der Verhandlung nicht mit Argumenten, sondern mit der Strategie. Sie gewinnen in der Führung nicht mit Impulsen, sondern mit der Strategie. Sie gewinnen auch im Privatleben ausschließlich mit einer guten Strategie – und die will wohl überlegt sein!

Weg also von der reinen Emotion, hin zur klaren Entscheidung. Und da ist noch etwas: Wir Deutschen haben so eine ungünstige Scheu davor, groß zu denken. Und das ist schade, denn Lösungen sind ehrlich gesagt schlichtweg banal. Also, Mut zur Größe in der Entscheidung.

Klein klein in Entscheidungen braucht niemand, denn das ist ein Zeichen der Pfeifen: Da wird für einen Charity-Event über Serviettenfarben diskutiert, ohne einen einzigen Sponsor an Bord zu haben. Da wird ein Wolkenkratzer gebaut und man bekommt sich über das Design der Toilettendeckel in die Haare, bevor auch nur die Statik steht. Dieses Phänomen ist ein klares Zeichen für 'kann nix, will aber viel' – ein Pfeifen-Phänomen.

Was ein Performer-Phänomen ist, ist der folgende Fall: Eine Entscheidung ist die logische und damit leichtgängige Konsequenz aus der individuellen Orientierung. Sprich: Wenn ich weiß, was der Sinn meines Lebens und Tuns ist, dann ist es herzlich einfach Entscheidungen zu treffen, denn sie orientieren sich immer! an der einen Entscheidung: Was ist der Sinn meines Lebens. (Für die Anfänger: Was ist der Sinn meiner Position, meines Projektes…) Ist das erst einmal entschieden, ist alles Kommende eine logische und leichte Folge. Und das tolle – es braucht nur wenige Basis-Entscheidungen und gut. Das spart enorm viel Energie.

Noch einmal zum Merken: Eine Entscheidung ist groß und grundsätzlich – und damit fertig!

003 Fokus
„Sag' mal, was ist eigentlich aus der Sache mit dem Dings geworden?" „Äh …" „Was war denn da entschieden worden?" „Poh, kann ich mich nicht dran erinnern."

Mannomann … kennen Sie das, dass die Halbwertzeit von Enscheidungen und Absprachen bei einigen Leuten der einer Eintagsfliege entspricht? Was kann ich mich da aufregen. Und wissen Sie worüber ich mich noch mehr aufregen kann? Wenn ich selbst vergesse, was ich mir überlegt hatte. Irgendwann – gerne nachts um 3.00 Uhr – fällt es mir dann wieder ein. Und ich nehme mir vor, es gleich nach dem Aufstehen anzugehen. Bis dann halt zum Aufstehen, das nach dem Motto verläuft: Was interessiert mich mein Geisteblitz von heute Nacht.

Es würde mich beruhigen, wenn es Ihnen ab und an auch so geht, dass das Geschrei der Umwelt so laut ist, dass Sie Ihre eigenen Erinnerungen und Ermahnungen nicht mehr hören und vom Weg abkommen. Nicht, weil ich es Ihnen gönnen würde – nein, ich wünsche Ihnen Besseres –, sondern weil ich dann nicht die Einzige bin, die sich toll'was vornimmt und das dann direkt mal wieder vergisst.

Was also tun? Sich fokussieren. Logisch, soweit kommen Sie alleine auch, oder? Tja, es tut mir leid, aber Lösungen sind banal. Es geht hier nicht um Raketen-technik, sondern um das Mind-Set, mit dem Sie zur Raketentechnik in der Lage sind. Und 003 lautet eindeutig: Fokus. Das bedeutet alle Energie auf Ihr Ziel (Ihre Orientierung 001) auszurichten. Wie ein einfacher Krieger, der seine Kraft bündelt und sie vollständig auf sein Ziel ausrichtet.

Sie fixieren sich auf Ihr Ziel. Ja, soweit waren Sie in Gedanken auch schon einmal und was ist nur daraus geworden. Daher hier ein einfacher Tipp für enorme Wirkung: Fokus braucht Visualisierung! Das heißt, dass Sie sich Ihr Ziel, aufschreiben, aufmalen, aufhängen – direkt vor den Augen sollten Sie sich mindestens mehrfach täglich selbst mit der Nase darauf stupsen, wo Sie eigentlich hinwollen.

004 Disziplin

Von meinem Schreibtisch aus habe ich einen wunderbaren Blick ins Grüne. Dieser Blick wird regelmäßig von meinem Nachbarn durchkreuzt. Nein, der ist nicht unnett, sondern wirklich ein toller Typ, aber eben mit einer enervieren-den Angewohnheit: er läuft. Und ich meine so richtig laufen, nicht nur bis zum Bäcker hoppeln. Der rennt einfach mal so am hellichten Tag los – gern auch bei nicht so tollem Wetter – kommt nach einer guten Stunden wieder und ist mal eben durch die gesamte Stadt gelaufen. Ich bin die Strecke heimlich mit dem Auto abgefahren und kam auf 28 Kilometer. Was soll das? Warum läuft der nicht heimlich? Dann müsste ich mich nicht so mies fühlen, weil ich seit Jahren meine gesammelten Trimm-Dich-Geräte schone. Gemein, wie der mich unbe-absichtigt auf die drei F der Verlierer stößt

1. Faulheit

Typischerweise begehrt hier der Manager in ehrlicher Entrüstung auf. Moment mal. Ich arbeite 12 Stunden am Tag. Ich bin ja vieles, aber nicht faul. Glaube ich Ihnen, wenn es um das reine Tun geht. Aber wenn wir auf die Axiome der Agenten schauen, dann geht es nicht darum einfach irgendwas zu tun, sondern das Richtige zu tun. Sprich so wenig wie möglich, um Energie zu spa-ren – Sie erinnern ja, die Krise kann man nicht planen, aber sie wird kommen –

und so viel wie nötig, um die entschiedenen Ziele zu erreichen.

Unser Problem in der Führung – ob Unternehmens-, Menschen- oder Lebens-führung – ist, dass wir gern das tun, was uns leicht fällt, und was wir kennen. Dummerweise ist das nicht automatisch das, was es zu tun braucht.

Ich fordere Sie also fragend heraus: Tun Sie fleißig das Richtige?

2. Feigheit

Einen feigen Manager? Wo sollen wir den denn finden? – Oh, gar nicht weit weg. Es ist das gleiche Prinzip, das gleiche Problem, wie wir es mit der Faulheit haben: Die Feigheit ist nicht flächendeckend. Im Gegenteil führt sie ein ausge-prägtes Inseldasein und konzentriert sich auf das Image. So mancher Manager hat eine regelrechte Panik davor mit einer Entscheidung blöde dazustehen, so dass er sich eine ungewöhnliche Entscheidung vorsichtshalber gleich spart und damit prima im Mittelmaß managed. Wenn es dann schief geht, kann man sich immerhin darauf berufen, dass es so im Lehrbuch steht.

Ich kann Ihnen versichern: Wenn Sie in der Führung Erfolg haben wollen, dürfen Sie nicht feige sein!

3. Fixation

Was ist jetzt das? Fixation ist Stagnation ist Tod oder Pleite. Wenn man sich mit den neuen Medien so schwer tut und anstatt in das Thema beherzt einzu-tauchen, feige abdriftet und abwartet, nach dem Motto: Vielleicht schalten die das Internet auch wieder ab, dann ist demjenigen wirklich nicht mehr zu helfen. Das Problem ist nicht, dass das keiner wahrnehmen würde. Das Problem ist, dass sich niemand mit dieser Trümmertruppe auseinandersetzten wird, denn wer nicht fleißig und beherzt am Puls der Zeit bleibt, der wird ab-gehängt. Und wem schon der Kadavergeruch der Katastrophe anhaftet, der wird gemieden. Es ist also fatal, sich im Kreis zu drehen und zu sagen; wieso, macht doch sonst auch keiner hier. Ja, und anderswo? Da, wo die Musik gemacht wird? Da ist das Leben, da ist der Erfolg. Wenn Ihnen jemals ein Satz herausrutscht, wie: „Das haben wir immer schon mit Erfolg gemacht", dann ist es Zeit für ein dringend nötiges Update. Frage: Wie oft bekommen Sie ein Update für Ihr Smartphone? Ich will es Ihnen beantworten, auch wenn Sie es nicht bewusst wahrnehmen: einmal im Quartal.

Frage: Wie oft bekommt Ihre Strategie ein Update? – Da habe ich keine wei-teren Fragen, sondern verweise dringend auf die drei K des Managements.

Die drei K des Managements sind nicht Kinder, Kirche, Küche, sondern

1. Klarheit

Hier sind wir nicht nur zufällig, sondern zielgerichtet an die 001 Orientierung erinnert. Sie brauchen Klarheit darüber WARUM Sie antreten, WAS Sie erreichen wollen und welchen Umgang (das WIE) Sie zu akzeptieren bereit sind.

Kennen Sie das, das jemand so gar nicht weiß, was er|sie will? Das ist doch furchtbar. Nichts geht voran, nichts kann demjenigen recht gemacht werden und nichts bewegt sich.

Zuallererst braucht es Klarheit in der Sache, bevor man sich in Bewegung setzt.

2. Kompetenz

Bei diesem Management-K übertreibt es der Deutsche gern. Um genau zu sein, habe ich den Eindruck, dass wir Deutschen Kompetenzfetischisten sind. Da braucht es mindestens zwei Diplome und weitere Zettel und Zertifikate, um sich überhaupt auf die Straße zu trauen. So ein Blödsinn. Wenn ich bei all meinen Studien und Weiterbildungen eins als Unternehmerin gelernt habe, dann ist es die einfache Weisheit, dass es draußen in der Wirtschaftswildbahn weit weniger Hochschulwissen braucht, als man uns weiß machen will. Was es da draußen aber auf jeden Fall braucht, ist eine gehörige Portion Straßenkompetenz.

Meiner Meinung nach setzt sich eben dieses Straßenkompetenz aus den Faktoren: Klarheit und Konsequenz zusammen. Kompetenz ist schön und gut, lässt sich notfalls aber als Dienstleistung einkaufen. Klarheit und Konsequenz allerdings sind nicht käuflich zu erwerben, die müssen schon mitgebracht werden. Wenn Sie diese beiden allerdings nicht mitbringen, dann sind Sie in der Führung eine Gefahr für die Volksgesundheit in Ihrem Unternehmen – und das ist wohl kaum zu verantworten.

3. Konsequenz

Die unschöne Konsequenz ist wohl die offenkundigste Disziplin, wenn es eben um 004 Disziplin geht. Tja, eben war es noch so schön und nun geht es tatsächlich darum, die Dinge auch dann noch durchzuziehen, wenn es weh tut. Das ist nicht nur eine Frage von Wissen (Klarheit mit Kompetenz), sondern vor allem von Willen und Wucht. Konsequenz entbehrt nicht einer gewissen Aggression, die sich allerdings nicht auf das Umfeld richten muss. Gleichwohl verlangt es von Ihnen eine gewissen Schmerzaffinität. Das meint nicht, dass Erfolg nur über Hardcore-Sado-Maso zu haben ist, aber es sind die, die nicht gleichen zucken oder zicken, wenn sie sich einen Pieckser einhandeln, die es bis zum Ende schaffen, also zum Erfolg. Die, die weniger Schmerzaffinität haben, geben zu früh auf, weil es anstrengend wird, weil es weh tut, weil es eine Durststrecke zu überwinden gilt, bevor die Belohnung kommt. Also: Augen auf und durch!

Das Schöne an der Disziplin aber ist, ist man erst mal mit ihr zusammen, tut es gar nicht mehr so weh. Sprich, es ist mit der Disziplin wie mit dem Laufen. Die Anfänge, die ersten 20 Zentimeter, vom Sessel in die Turnschuhe, die sind das Problem. Danach läuft es quasi von alleine. Aber ich werde nicht die Erste sein, die Ihnen sagt: Wenn Sie wirklich Erfolg haben wollen, müssen Sie auch dranbleiben, wenn es weh tut.

Der schnelle Tipp zur Disziplin: Wenn die Entscheidung erst einmal gefällt ist, nicht mehr darüber nachdenken – einfach machen. Sobald Sie anfangen, darüber nachzudenken, fangen Sie an, sich leid zu tun und kommen mit sich und der Welt ins Hadern. Das bringt keinen weiter. Also: Machen, statt Lassen!

005 Achtsamkeit

Sie erhalten Doppel null Status nicht mit Hau-Drauf, sondern mit Hab-Acht. Es geht darum Silhouette von Substanzen zu unterscheiden. Das bezieht sich nicht nur auf Projekte, sondern auch auf Personen. An dieser Stelle gehen wir wieder tiefer. Nun berichte ich Ihnen von denen, von denen Sie sich stark, um nicht zu sagen brutal, abgrenzen sollten: das sind die Pfeifen und Psycho-pathen. Typischerweise wird nur unterschieden zwischen Posern und Perfor-mern, doch in Sachen Poser gilt es, sich vor einer ganzen Reihe von Patienten zu schützen.

Die landläufige Meinung in Sachen Performer ist, dass diese Leistungsträger an der Spitze der Gesellschaft stehen. Sie sind es, die die Wirtschaft nach vorne bringen. Sie sind es, zu denen wir aufblicken. Sie sind es, zu denen wir gehören wollen. Alles schön und gut, doch leider leider ist das nicht der ganze Teil der Wahrheit. Um genau zu sein, stützten sich auf die Schultern der Performer zwei Sorten Mäuse, die den Leistungsträger geradezu döppen (unter Wasser drücken) – so, wie wir das als Kinder im Freibad taten. Die, die döppen sind obenauf und haben Spaß. Der, der gedöppt wird, muss zusehen, dass er nicht absäuft. Im Freibad ist das unter Gleichstarken ein lustiges Spiel. In der Wirt-schaft ist das für wenig aggressive Leistungsträger eine bittere Realität.

Was passiert da eigentlich? – Auf den Schultern des Leistungsträgers ruhen sich die Absahner aus. Auf der einen Schulter stützen sich die Laien unter den Posern ab. Das sind die Pfeifen. Auf der anderen Schulter hebeln sich die Psychopathen ebenfalls auf Kosten des Leistungsträgers nach oben. Somit profitieren viele von einem und alle behaupten, sie hätten die Leistung erbracht.

Wie passiert das eigentlich? – Pfeifen und Psychopathen gehören zur Gattung der Eindrucksmanager. Das heißt, dass sie nicht ihre Abteilung managen, sondern den Eindruck über sich selbst. Und wenn man nicht mit dem lästigen Tagesgeschäft beschäftigt ist, hat man selbstredend viel Einfallsreichtum und Energie, um sich gut darzustellen.

Gehen wir tiefer – schauen wir uns die beiden Pole der Poser genauer an:

Die Pfeifen sind nicht nur Leistungs-, sondern auch Kompetenzsimulanten. Sie hören sich gern sprechen und verfügen über schier unendliche Zeit. Von Beruf sind sie gern auch Sohn oder Tochter und sehen sich kurz vor Kanzler. Allerdings bringen sie keine PS auf die Straße. Die Pfeifen gehören zu den Laien-Leistungs-Betrügern. Sobald man sie konfrontiert oder wenigstens auf eine Leistungserbringung festnageln will, kommen sie einem moralisch mit: „Du musst uns aber auch erst einmal ins Boot holen." und „So ein Projekt muss ja auch erstmal wachsen." Und das ist typisch für Pfeifen. Es wird endlos diskutiert, denn Pfeifen scheuen Entscheidungen (siehe 002 Entscheidungen), wie der Teufel das Weihwasser. Im besten Falle machen sie eine Grundsatzbefragung, teilen das Ergebnis durch die Zahl der Köpfe und verkünden den miesen Kompromiss als Konsens. Im besten Falle also verbleiben Sie mit Pfeifen im Mittelmaß. Schuld ist immer bei anderen zu suchen und wehe Sie erwarten Überdurchschnittliches. Das ist fast schon ein Beweis Ihres Irrsinns.

Falls Sie sich heimlich still und leise gerade selbst fragen, ob Sie eine Pfeife sind, kann ich Entwarnung geben. Ach was, Sie erhalten hier von mir die Absolution. Denn: Es ist das Wesen der Pfeife, dass sie zwar nicht unbedingt über wenig Intelligenz verfügt, sehr wohl aber über eine selbstgewählte Selbstreflexionsschwäche. Sprich: Die Pfeife hält sich immer und unter allen Umständen für einen Performer.

Wenn Sie sich also gerade selbst fragen, ob Sie eine Pfeife sind, dann ist das ein Zeichen dafür, dass Sie keine Pfeife sind. So einfach ist das und für die ganz besonders Selbstkritischen unter uns hier noch ein kleiner Pfeifentest:

Pfeifen-Check | ein Dutzend Details zum Wesen der Pfeife

☐ **Enger Bezugsrahmen**
Hier kombinieren sich provinzielle Weltsicht mit dem Selbstbild eines Kosmopoliten.

☐ **Entscheidungshemmung**
Kann sich nicht entscheiden und holt sich unangemessen viele und an sich unangemessene (inkompetente) Meinungen ein.

☐ **Mental geringe Halbwertzeit**
Kann Ergebnisse und Entscheidungen, die seinen Bezugsrahmen übersteigen, nicht konservieren. Diskussionen beginnen immer wieder bei Adam und Eva.

☐ **Infantiler Lebensstil**
Löst sich sehr spät aus dem Elternhaus und braucht auch darüber hinaus Unterstützung an Elternstatt.

☐ **Olympisches Prinzip**
Will überall dabei sein, besonders da, wo es etwas Besonders gibt.
Dies entspricht seiner Geltungssucht, aber nicht seiner Leistungserbringung.

☐ **Selbstüberschätzung**
Konsequentes Mitreden ohne Ahnung. Fragt auch nicht konstruktiv, sondern blökt gern Allgemeinplätze heraus.

☐ **Moralisches Anklagen**
Im Konfrontationsfall wird nicht sachlich diskutiert, sondern moralisch angeklagt, dass der Kritiker nicht richtig gefragt, geführt ... (was auch immer) hat.

☐ **Abventilation hinter dem Rücken**
Geht Konflikte nicht mit offenem Visier an, sondern streut Gerüchte hinter dem Rücken der starken Persönlichkeiten.

☐ **Mangel an Selbstreflexion**
Immer ist jemand oder etwas anderes Schuld, wenn etwas nicht klappt.
Es ist auch davon auszugehen, dass die Pfeife eigentlich schon vorher wusste, dass das nicht gut geht, sie wollte aber angeblich keine miese Stimmung machen.

☐ **Redefinitionen**
Verdreht Tatsachen und Absprachen zu den eigenen Gunsten, so dass die Pfeife immer gut dasteht.

☐ **Abseitsfalle**
Bietet sich anfänglich immer engagiert an, verdünnisiert sich dann aber, wenn es drauf ankommt (Arbeit, Verantwortung, Farbe bekennen ...).

☐ **Emotionale Unreife**
Ist nicht in der Lage für sich, das eigene Leben, persönliche Ziele und weitere Projekte einzustehen.

Ein einziger Tipp zum Umgang mit Pfeifen: Intelligente Menschen haben nicht das Recht mit Pfeifen tolerant zu sein. Den Pfeifen mangelt es an Entwicklung. Entwicklung verlangt Erziehung. Und die darf gern in jedwedem Alter von wem auch immer kommen.

Erschwerend bucht sich auf das Konto der Pfeifen, dass sie auf alle Leistungsträger, die über wenig Selbstbewusstsein verfügen, maximal leistungshemmend wirken. Sprich, Sie dürfen nicht die Pfeife vor ihren eigenen Fähigkeiten schützen, sondern die im Selbstbewusstsein leichtgewichtigen Leistungsträger vor der gespaltenen Zunge der Pfeifen.

Beachten Sie bitte eins: Pfeifen arbeiten sehr geschickt mit moralischer Erpressung. Sie redefinieren und justieren eine Sachlage so lange (und hier zeigt sich eindeutig Intelligenz), bis sie zu ihren Bedürfnissen passt. Das ist kein Zeichen von Integrität, sondern von Illusion, dem größten Feind des Fortschritts. Also, ran an die Pfeifen und zurück mit ihnen auf den Boden der Tatsachen!

Nun kommen wir zu den Profi-Posern, den Psychopathen. Sie sind keine Kompetenzsimulanten, im Gegenteil, die haben wirklich was drauf. Doch nach anfänglichem Anfüttern, gehen Sie in die Leistungssimulation. Das schwierige mit den Psychopathen ist, dass sie über eine ganze Menge Charme verfügen. Das Problem mit den Psychopathen ist, dass sie anfänglich nicht so arrogant rüberkommen, wie es ein Narzisst tun würde. Im Gegenteil sind sie wortgewandt, charmant und in den Anfängen eines Kontaktes ein Traum für jeden Entscheider. Dummerweise braucht es Monate, bis man bemerkt, dass es sich um einen Alptraum handelt. Um es kurz auf den Punkt zu bringen. Während die Pfeife schlicht im Gemüt auch schlicht nur mit sich und der eigenen Geltung beschäftigt ist, ist der Psychopath sehr darauf aus, seine Intelligenz bestmöglich einzubringen und Situationen so zu gestalten, dass sie ihm auf Dauer immer zutragen. So wird sein sein Gegenüber sorgfältig abchecken, um sich Vorteile in Verhandlungen zu verschaffen. Dabei ist es besonders daran interessiert, die Schwächen und Tugenden, die Eitelkeiten und Sehnsüchte, das Selbstbild und den Hintergrund zu einer Person zu erfahren. Aus diesen Erkenntnisse und als versierter Charakter-Schachspieler bastelt er sich eine psychologische Fernbedienung zum Gegenüber. Wie es im beliebt und es seinen Gelüsten zuträgt, wird er nun das Wunschprogramm im Hirn des Anderen anklicken. Wenn Sie nun denken, dass Ihnen das nicht passieren kann, dann sind Sie leider naiv. Denn bevor Sie irgendetwas merken können, sind Sie schon besoffen geschmust vom Psychopathen. Und das kennen Sie doch, wenn jemand verliebt ist – derjenige sieht nicht die Realität, sondern eine geschönte Version. Und mit einem Psychopathen bewegen Sie sich auch in einer gefotoshopten Version. Wie also entgehen Sie einem Psychopathen. Nun zuerst einmal sollten Sie ihn erkennen. Und erkennen können Sie ihn an folgendem Qick-Check.

Psychopathen-Check | ein Dutzend Details zum Wesen des Psychopathen

☐ **Blender mit oberflächlichem Charme**
Raffinierte und einnehmende Umgangsformen, die helfen hohe Positionen zu erlangen und das Vertrauen der Entscheider zu gewinnen.

☐ **Übersteigerter Selbstwert**
Bisweilen äußerst arrogant und eingebildet, überschätzt den eigenen Wert, teils auch die eigenen Fähigkeiten, maßlos.

☐ **Exzessiver Erlebnishunger**
Ist schnell gelangweilt und sucht daher ständig nach Stimulation. Geht große Risiken ein, ohne Angst vor den Folgen.

☐ **Pathologisches Lügen**
Als krankhafter Lügner führt der Psychopath Menschen ohne Skrupel in die Irre.

☐ **Manipulatives Verhalten**
Manipuliert geschickt und nutzt Menschen gnadenlos aus.

☐ **Fehlen von Reue und Scham**
Ist geradezu unbarmherzig und blind für die Bedürfnisse anderer, sofern ihm diese nicht dienen. Hegt Verachtung für die Opfer.

☐ **Oberflächliche Gefühle**
Verfügt nur über ein sehr eingeschränktes Spektrum von Gefühlen, kaum zu warmen Emotionen fähig, weiß dies aber geschickt zu verbergen.

☐ **Parasitärer Lebensstil**
Nutzt andere gern aus und ist auch gern (scheinbar) finanziell abhängig. Achtung: Cäsar-Phänomen!

☐ **Promiskuität**
Häufig wechselnde Partner, zahlreiche Affären und hat auch Lust daran, andere zu sexuellen Handlungen zu zwingen.

☐ **Keine langen Beziehungen**
Außer zum Schein vermag der Psychopath keine längeren Beziehungen zu pflegen. Bindungen sind nicht von Dauer, Bezugspersonenwechseln häufig.

☐ **Ablehnung von Absprachen**
Verabredungen und Verträge werden nicht eingehalten. Oft werden auch Rechnungen nicht bezahlt.

☐ **Verantwortungslosigkeit**
Manipuliert und weist die Verantwortung von Folgen von sich.

Tja, das sind ja wirklich schäbige Charakterzüge. Das Problem ist, dass Psychopathen meist hochfunktional in die Gesellschaft integriert sind. Das gelingt ihnen mit ihrem oberflächlichem Charme und äußerst sorgfältiger Planung der Taten, die sich mit einer ruhigen und bedächtigen Vorgehensweise kombinieren. Typischweiser erkennt das Opfer erst nach 12 bis 18 Monaten, was da wirklich läuft.

Ein einziger Tipp im Umgang mit Psychopathen: Der Spruch „Da gehören immer zwei dazu," ist hier vollkommen verkehrt. Für alle die, die nicht die Hohe Schule des Betruges besucht haben, gilt der sofortige Freispruch! Sie müssen sich nicht für das schämen, was Ihnen jemand anderes angetan hat. Und Sie sind nicht verantwortlich für die Schäden, die Psychopathen ihrem Umfeld beibringen.

Wer nun denkt, es reicht mir jetzt, nun kann es ja nicht mehr schlimmer kommen, der muss wohl doch noch einmal tief durchatmen. Da gibt es eine ganz wundersame Zwitterspezies – den Machiavellisten. Das ist eine Pfeife, die von einem Psychopathen geführt wird. Der Psychopath ist der Marionettenspieler und weiß mit seinem Charme geschickt die Motivationsfäden zu führen. Die Pfeife in ihrer fast schon narzisstischen Kombination von Geltungsdrang und Selbstüberschätzung glaubt, selbst und vor allem selbständig zu denken und zu handeln. Dieser Chaoten-Zwitter ist zwar schnell erkennbar, gleichwohl aber brandgefährlich. Wie Sie ihn erkennen? Nun ganz einfach. Es ist das typische Bild des Jungberaters, Mitte Zwanzig, mit dem Habitus eines Industrie-Tykoons von Mitte Sechzig auf der Höhe seiner Macht. Für den Unbeteiligten ist das eine der lachhaftesten Vorstellungen, die ihm in der freien Wirtschaftswildbahn begegnet. Für den Lieferanten, der mit einem Monopolisten verhandeln und sich diesem Großkotz als Einkäufer gegenübersieht, ist es ein einziger Alptraum.

Die wichtigste Botschaft von 005 Achtsamkeit: Sortieren Sie pingeligst Ihr Umfeld aus. Überprüfen Sie gut, mit wem Sie sich umgeben wollen. Mit wem sind Sie bereit Geschäfte zu machen? Was sind Sie bereit, sich bieten zu lassen?

Viele Unternehmer und auch Manager meinen, dass sie keine andere Chance haben, als sich Personen und Situationen anpassen zu müssen. Das stimmt nicht. Doch es kann sehr wohl sein, dass man Sie in den vergangenen Monaten | Jahren so sehr aus Ihrem Fokus gebracht hat, dass Sie die Orientierung verloren haben. Das bedeutet: Alle Maschinen auf Stop! Raus aus der Situation! Neu justieren – ohne Angst! Zurück in Ihr Selbstvertrauen, zurück zu Ihren Zielen, zurück zu Ihren Fähigkeiten! Sie können mehr, wenn Sie bei sich bleiben!

006 Fitting

Survival of the fittest? – Survival of the fittest! Gern bezieht man(-ager) sich auf Charles Darwin. Die Idee ist gut, doch wird sie bei den meisten leider von den drei F der Verlierer verdreht. Sie sind zu faul, das zu tun, was jeder Journalist, Wissenschaftler und Agent automatisch macht: Quellen prüfen! Für Agenten ist das Prüfen der Quellen überlebensnotwendig, für Wissenschaftler der eigentliche Job und für Journalisten eine Frage der Professionalität. Und auch für jeden anderen wäre es grundsätzlich immer sinnvoll, Quellen und Quellcode selbst zu prüfen. Denn schnell sitzt man einem Faktoid auf und hält ihn für einen Fakt. Wie bitte? Was ein Faktoid ist? – Irgendwer behauptet irgendwas, viele blöken es nach und die Mehrheit akzeptiert dies als die Wahrheit. Nicht selten machen sich dabei alle lächerlich. Und genau so ist es auch mit Darwins 'Survival of the Fittest'. Der Unbedarfte übersetzt es nämlich gern als das Überleben derer, die die Helden im Fitness-Studio sind. Sprich, ab Mitte Management (alternativ ab Mitte Fünfzig) fängt man das Marathonlaufen an. Sicherlich ist Führung an sich immer eher Marathon als Sprint. Das bedeutet aber nicht, dass man als Manager nur gut ist, wenn man zusätzlich noch draußen kilometerweisen den Asphalt platt läuft.

Darwins 'Survival of the Fittest' bedeutet, dass die überleben, die sich am besten an die Herausforderungen der Umgebung anpassen, sprich damit umgehen können. Achtung: Es heißt nicht, sich an die wilden Forderungen von Einzelnen anzupassen oder sich der Wucht des Mainstreams unterzuordnen. 'Survival of the Fittest' meint, dass man sich den Herausforderungen stellt, indem man aufpasst, was die Umwelt von einem verlangt, dass man sich einpasst in die Rhythmen des Marktes und das man dabei sein Ding (sein Leben und Unternehmen) macht und in die Zukunft bringt.

Die Modewelt hat das bereits begriffen. Wenn man in der Mode vom Fitting spricht, dann spricht man vom letzten Anpassen der Kleidung an die Models vor dem Runway, sprich der Modenschau. Alles soll für diesen einen Moment perfekt sein, um die Kunden zu überzeugen.

Im Management bedeutet das Fitting ebenfalls das Anpassen, allerdings nicht der Mode, sondern des Managements an die Herausforderung. Hierzu haben ich eine Handvoll Fragen an Sie:

» Haben Sie Ihr Ohr am Puls der Zeit?
» Haben Sie ein Gefühl für die verborgenen Anforderungen der Zukunft?
» Sind Sie fit, also up to date?

Wenn Sie jetzt schnell antworten mit: „Ja, klar!", dann habe ich große Sorgen, ob Sie wirklich verstanden haben, worum es geht. Sie können nie! genug wissen. Frage: Wissen Sie, wie oft sich Ihr Smartphone updated? Es erhält mindestens einmal im Quartal eine Aktualisierung vom Hersteller. Und Sie, wie oft aktualisieren Sie Ihr Managementbetriebssystem in Ihrem Kopf? Unterziehen es einer gewissenhaften Bilanz? Suchen nach neuem Lernstoff?

Liebe Managerinnen, liebe Manager, mal ehrlich, wenn ein Alltagsprodukt einer solchen Überarbeitungsfrequenz unterliegt, meinen Sie dann nicht, dass Sie als Entscheider eher mehr als weniger tun sollten, in Sachen 'Persönlicher Update'?!

007 Individualität

Wer sind Sie? Warum sind Sie angetreten? Wo wollen Sie hin?

Sind Sie vertrauenswürdig? Handeln Sie verantwortlich?

Wir haben kein Vertrauen mehr Unternehmen oder Funktionen. In unserer transparenten Welt des Informationszeitalters, fühlen wir uns abgeschmeckt vom Fehlverhalten Einzelner. Leider nehmen Viele nun alle Manager in Sippenhaft. Das ist weder fair noch freundlich, doch der Fall. Wenn Vertrauen missbraucht wurde, wenn Mensch sich mit Manager nicht mehr sicher fühlt, dann haben wir – alle – ein Problem.

Dummerweise gilt gerade in Sachen Vertrauensverlust: Der einzige Weg hinaus, ist hindurch! Stellen Sie sich der Herausforderung, stellen Sie sich den Menschen, stellen Sie sich den Ansprüchen. Die Handlungsdevise lautet: Persönlichkeit statt Psychopath. Lassen Sie die Menschen Ihre Substanz spüren. Haben Sie den Mut, Sie selbst zu sein. Niemand will mehr den typischen Managerklon: gleiche Kleidung, gleicher Haarschnitt, gleicher Singsang. Bitte: es braucht echte Menschen im Management.

Woran man die erkennt? Was der Mensch verlangt? Wie Persönlichkeit sichtbar wird? – Hier sind die 7 Säulen der Macht ein hervorragendes Menschen-Maß. Die 7 Säulen der bemächtigen in zwei Richtungen: Es geht darum, die eigene Macht zu entwickeln und gleichzeitig missbräuchlicher Macht anderer widerstehen zu können.

Und damit sind die 7 Säulen der Macht Ihr Schutzschild gegen Krisen, Manipulationen und Machtspiele. Mit ihnen navigieren Sie sicher durch unzivilisiertes Gebiet und gehen mit Werten in Führung.

Die 7 Säulen der Macht bilden das Fundament Ihrer Persönlichkeit. Sind sie im Gleichgewicht, kann Sie nichts nachhaltig erschüttern. Die Selbstachtung, die Sie sich mit Ihren 7 Säulen aufbauen, führt zur persönlichen Autonomie und kann Ihnen nicht wieder entrissen werden. Sie nutzen Ihr Potential, schaffen produktive Veränderung und verankern ethische Werte – so gelingt nachhaltiges Wachstum.

Also, auf gehts mit den 7 Säulen der Macht, denn mit ihnen erfolgt Erfolg! Eines noch vorab: Erfolg ist und bleibt personenbezogen. Doch wer hat das ‚Erfolgsgen'? Diese Frage stellen sich wohl alle Personaler. Als Profiler antworte ich auf die Frage, welche persönlichen Qualitäten man(ager) braucht, um mit Macht sinnvoll umgehen zu können. Es sind die 7 Säulen der Macht:

» Standfestigkeit
Unerschütterlichkeit in schwierigen Situationen

» Leidenschaft
Lust auf Leistung

» Selbst-Kontrolle
sich selbst im Griff haben, um Personen und Situationen zu entschärfen

» Liebe
mit Wohlwollen und Wertschätzung im Kontakt

» Kommunikation
in jeder Lage verstehen und die richtigen Worte finden

Suzanne Grieger-Langer

» Wissen
  was Sie und Ihr Unternehmen weiter bringt

» Ethik
  mit Stil und Würde durch den Berufsalltag

Jede Persönlichkeit ruht auf diesen sieben Säulen, sie bilden ihr Fundament. Sind die 7 Säulen der Macht im Gleichgewicht, kann das Gebäude der Psyche durch Nichts erschüttert werden.

Die erste Säule der Macht ist die Säule der Standfestigkeit. Hier entwickeln Sie Ihr Vermögen mit beiden Beinen fest auf dem Boden der Tatsachen zu stehen. Mit sicherem Stand wird man Sie nicht aus Ihrer Position verdrängen können – Sie füllen diese aus: geistig und mental. Sie wissen zudem wo Sie stehen.

In der nächsten Säule, der Leidenschaft, kommen Sie in Bewegung. Leidenschaft ist nur förderlich, wenn Standfestigkeit besteht. Sind Sie noch schwankend, wird die Leidenschaft nur für Unruhe sorgen. Sie verirren Sie sich bald im Wald der Möglichkeiten und werden zum Spielball anderer.

Ist Ihre Standfestigkeit aber stabil entwickelt, so kann Sie nichts mehr beleben, als die Macht der Leidenschaft. Sie gibt Ihnen den Schwung, der Lust auf Leistung macht.

Der Schwung der Leidenschaft wird in der nächsten Säule – Selbst-Kontrolle – koordinieren und kontrolliert. Das bedeutet nicht ‚Deckel drauf‘, sondern Kraft und Impulse in die Bahnen lenken, die Ihnen und Ihrer Karriere förderlich sind. Selbst-Kontrolle: geistige und mentale, gibt Ihnen Macht über sich selbst.

Die Säule der Selbst-Kontrolle entwickelt die Fähigkeit zur so genannten 'social control', der sozialen Kontrolle. Leider sind viele Manager hier in der falschen Richtung tätig. Sie glauben nach außen kontrollieren zu müssen. So versuchen sie ihr Umfeld zu kontrollieren und nennen dies Management. Doch die Kontrolle muss sich nach innen richten. Soziale Kontrolle bedeutet, sich selbst innerhalb eines sozialen Umfeldes zu kontrollieren. Diese Selbstkontrolle ist die Voraussetzung, um sozial fähig zu sein. In der Säule der Selbstkontrolle entwickeln Sie also Ihre Gesellschaftsfähigkeit.

Ihre potentiell grenzenlose Entwicklungsfähigkeit als auch Ihre selbst auferlegten Beschränkungen zeigen sich hier. Nur wenn Sie Ihre Ängste und Machtansprüche überwinden, können Sie Anderen ihre freie Entfaltung lassen. Der Weg zur Säule der Liebe führt damit zwingend über die Selbst-Kontrolle.

Zuerst sind Sie einfach nur da (Standfestigkeit), dann kommen Sie in Bewegung (Leidenschaft) und in der dritten Säule kontrollieren Sie diese Bewegung (Selbstkontrolle). Diese ersten drei Säulen dienen dazu sich innerlich darauf vorzubereiten mit dem Umfeld in Kontakt zu treten. Erst, wenn Sie es vermögen, sich selbst zu beherrschen, wenden Sie sich Ihrem Umfeld zu.

In der vierten Säule, der Säule der Liebe, präsentiert sich die Schnittstelle nach außen. Nun leben Sie die Kontaktfähigkeit, die sich aus den Qualitäten der drei vorangegangenen Säulen ergeben. Wesentliche Qualitäten, die es für Führungskräfte hier zu entwickeln gilt, sind Wertschätzung und Wohlwollen für ihre Mitarbeiter. Das Machtpotential der Liebe umfasst drei Bereiche:

1. Individualität

    meint Ihre Liebe zu sich selbst. Es bedeutet, sich mit seinen Ecken und Kanten, Vorzügen und Fehlern zu akzeptieren, anzunehmen und lieben zu lernen.

2. Loyalität

    bezieht Ihre Liebe auf andere. Es geht darum, sich loyal zu verhalten, mit dem Bewusstsein über Ihre Rolle im Leben Ihrer Mitmenschen.

3. Wahrheitstreue

    ist Ihre Liebe zur Wahrheit, denn ohne Aufrichtigkeit kann die Liebe zu sich selbst und zu anderen nicht gedeihen.

Nur wenn Sie sich selbst akzeptieren, können Sie Ihren Mitarbeitern entspannt und wohlwollend begegnen.

Ist bis hierhin alles gut etabliert, möchten Sie nun von anderen lernen. Sie möchten sich mitteilen über die Dinge, die Sie bewegen (Leidenschaft), für die Sie stehen (Standfestigkeit), die Sie hemmen (Selbst-Kontrolle) und voran treiben (Liebe).

Nun teilen Sie in der Säule der Kommunikation Ihre innere Haltung mit anderen. Sie sind nun buchstäblich interaktiv, tauschen sich aus, und entwickeln sich weiter.

Das Thema Kommunikation wird in vielen Bezügen mehr als erschöpfend behandelt. Und doch – meist fehlt das Bewusstsein und die Kompetenz über die reinen Kommunikations-Techniken hinaus im Miteinander etwas entstehen zu lassen, zwischen den Zeilen zu lesen und Unausgesprochenes zu beantworten.

Wissen ist Macht! Wenn Sie die richtigen Informationen haben, können Sie Ereignisse in Gang bringen oder aber verhindern. Ihr Wissen führt Sie durch den Dschungel des ManagementAlltags.

Laut Faustregel sind 85% allen Fehlverhaltens mangelnde Information! Hier ist auch Fehlinformation gemeint. Besonders in unserem Informationszeitalter, wird Information oft zum Zweck der Kotrolle missbraucht und Desinformation und Propaganda dienen dazu, die Massen zu manipulieren.

Wissen ist nicht einfach nur Information – es tritt in viererlei Gestalt auf:

» Wissenschaft
   sammelt Informationen methodisch und sortiert sie in Fachbereiche. Einzelne Themen werden mit der wissenschaftlichen Kamera abgelichtet und in Alben sorgfältig verwahrt – zum Nachschlagen bereit.

» Intuition
   das so genannte Bauchgefühl ist ein wirksamer Leitfaden auf dem Weg zur Wahrheit. Man begreift den Lauf der Dinge und hat untrügliche Vermutungen.

» Weisheit
   entsteht durch das Lernen aus Erfahrungen, den eigenen oder denen anderer. So kann man anhand vergangener Ereignisse treffsichere Prognosen über die Zukunft machen.

» visionäres Wissen
   Visionen zeigen Ihnen Ihren ganz persönlichen Weg im Leben.

Jede Form des Wissens hat nicht nur ihre Berechtigung, sondern ist lebenswichtig für Ihren Führungsalltag!

Ihr Wissen nicht kontrollierend, sondern fördernd einzusetzen ist eine Frage der Ethik. Ethik bedeutet ‚sittlich'. Es geht darum, dass Sie sich in Ihrem Alltag sprichwörtlich anständig verhalten.

Die Säule der Ethik hält für Sie einen Handlungsmaßstab bereit und einen Schutzschild gegen Manipulationen und Machtspiele. Ethik stabilisiert Sie ähnlich wie die Standfestigkeit. So können Sie den Dingen Ihren Lauf lassen, ohne sich aufzuregen oder über Gebühr einzumischen. Die Säule der Ethik verschafft Ihnen Ruhe inmitten erschütternder Ereignisse. Sie sehen klar, was um Sie herum vorgeht. Sie erreichen mit dieser Qualität von Macht eine Immunität gegen Hackordnungen und Intrige.

Wer die 7 Säulen der Macht für sich entwickelt hat, hat sich selbst entwickelt – von der Führungskraft zur Führungspersönlichkeit!

Suzanne Grieger-Langer
Profiler – Diplom-Pädagogin, Psychologin, Psychotherapeutin – Bestseller-Autorin, Herausgeberin, Lehrbeauftragte –
erfolgreiche Unternehmerin seit 1993

Antje Heimsoeth

Selbstführung beginnt im Kopf

Orhidea Briegel

Sind Sie mental stark genug, um Erfolg zu haben? Verfügen Sie über diejenigen mentalen Kräfte, um im Job Höchstleistungen zu vollbringen? Auf die Spitzensportler dieser Welt trifft das jedenfalls zu – sonst könnten sie keine Siegerpodeste besteigen. Menschen, die den Erfolg scheinbar magisch anziehen, über sich hinaus wachsen, ihre Ziele erreichen – sie hat Antje Heimsoeth, Keynote Speaker und Mental Coach, analysiert. Genauer gesagt, kennt sie die Denkmuster von Siegern und erfolgreichen Menschen und berichtet von der inspirierenden Zusammenarbeit mit Spitzensportlern, Managern und Unternehmern.

Wir wissen zwar mittlerweile um die besonderen mentalen Fähigkeiten aus dem Sport, doch werden sie immer noch zu wenig im Wirtschaftsleben genutzt. Es sind nicht nur Konzerne und Spitzenmanager, sondern auch mittelständische und kleinere Unternehmen, die davon profitieren können. Entsprechend mental gestärkt, sind wir in der Lage, Spitzenleistungen zu erzielen, berufliche Hürden zu nehmen und unsere persönlichen Stärken zu leben.

Im Buchkapitel „Führen durch mentale und emotionale Stärke" schlägt Antje Heimsoeth die Brücke vom Spitzensport zum alltäglichen Leben. Moderne Erkenntnisse und Erfahrungen aus dem Spitzensport schaffen Zugang zu ungenutzten mentalen Ressourcen. Die Leser erfahren mehr über Mentales Training, Affirmationen (Selbstbestärkung), Gedanken, Verhalten, innere Achtsamkeit, Übernahme von Verantwortung, Vision und Ziele, Disziplin, Leidenschaft und die Beziehung zu sich selbst. Profitieren Sie für Ihr tägliches Business!

Vorträge mit Seele, Herz und Verstand

Antje Heimsoeth gehört wohl zu den bekanntesten Mental Coaches und Vortragsrednerinnen in Deutschland. Ihre internationale Erfahrung mit Kunden wie adidas, BMW Group, Axis Communications GmbH, Lufthansa Technik AG, Tecan Trading AG, Volksbanken, Sparkasse Vogtland, HypoVereinsbank UniCredit, CarGarantie, msg services ag, Otto Group, ABC Breast Care GmbH sowie internationalen Sportlern, Mannschaften und Trainern macht sie zu einer begehrten Keynote-Rednerin mit Olympiafaktor: Go for Gold! Die ausgebildete Ingenieurin – sie studierte Geodäsie –, ehemalige Leistungssportlerin, Unternehmerin, Bestseller Autorin und Hochschullehrbeauftragte ist eine internationale Expertin für Mentale Stärke, Motivation & Selbstführung.

Als anerkanntes professionelles Mitglied in der German Speakers Association (GSA) und Top-Speaker gehört sie Premium Speakers Schweiz an und zählt zu den besten 100 Rednern in deutschsprachigen Raum.

Antje Heimsoeth veröffentlicht regelmäßig Beiträge zum Thema Mentale Stärke, Selbstwert, Selbstvertrauen, Motivation, Gesund führen, Führung, Kommunikation und Mentale Gesundheit in Fach- und Publikumsmedien wie z.B. Focus Online, Bild.de, Bild Zeitung, Trainingsworld, „Markt und Mittelstand", Aktiv-Steuern, Personal im Fokus, Wissen + Karriere, neue woche, wirtschaftszeit.at und Wirtschaftswoche. Zugleich hat sie ihre Erfahrungen und ihr Praxiswissen in mehreren Büchern niedergeschrieben – http://antje-heimsoeth.com/shop.html. Wie bei ihren Vorträgen steht der hohe Nutzwert ihrer Bücher für sie an erster Stelle.

Presse: http://www.business-mentaltrainer.eu/Presse.html

Bücher: http://www.antje-heimsoeth.de/shop.html

» Antje Heimsoeth. Mein Kind kann's. Mentaltraining für Schule, Sport und Leben. pietsch 2013
» Antje Heimsoeth. Mental-Training für Reiter. Müller Rüschlikon 2008. www.mentaltraining-fuer-reiter.de
» Antje Heimsoeth. Golf Mental: Pocket Training. pietsch 2012. Umfang/Abb.: Booklet + ca. 50 Karten 4/4farbig + Karabinerhaken (in Mappe)
» Antje Heimsoeth. Golf mental: Erfolg durch Selbstmanagement. pietsch 2014.
» Antje Heimsoeth in Michael Altenhofer, Werner Schweitzer. Mentale Stärke, Band 2. Verlag für Mentale Stärke; Auflage: 1., Aufl. (20. September 2013)
» Antje Heimsoeth in Leben in Balance – 18 Impulse, wie Sie das eigene Leben in den Griff bekommen, für Lebensqualität sorgen und Balance erreichen. Jünger Verlag. März 2014
» Antje Heimsoeth in Peter Buchenau (Herausgeber). Chefsache Prävention I: Wie Prävention zum unternehmerischen Erfolgsfaktor wird. Springer Gabler 2014.
» Antje Heimsoeth in Suzanne Grieger-Langer (Herausgeberin). Die 7 Säulen der Macht reloaded 2: 7 Speaker – 7 Schlüssel zum Erfolg. Profiler´s Publishing Bielefeld 2014.
» DVD Antje Heimsoeth. Mentale Gesundheit. Auditorium Juni 2013

Woran erkennen Sie persönlich, dass Sie eine gute Führungskraft sind?
Ich führe freiberuflich tätige Mitarbeiter. Das ist immer etwas anderes, als fest-
angestellte Mitarbeiter zu führen.

Ich reflektiere mich, gehe ins Coaching und Supervision. In Gesprächen mit
Vorständen und Top Managern beleuchte ich Situationen aus meinem Alltag
mit Mitarbeitern und frage Sie nach Ihrer Sicht der Dinge auf das Geschehene
und Erlebte und nach Handlungsalternativen. Sie nehmen ja in dem Moment
einen anderen Standpunkt ein und sehen daher Dinge vielleicht ganz anders,
als ich es tue.

Mein Motto: Lerne von den Besten. Daher suche ich immer wieder das Gespräch
mit erfolgreichen Führungskräften sowie Trainern aus dem Sport und führe
Interviews mit ihnen. Ein Interview finden Sie in meinem Buchbeitrag.

Persönliche Weiterentwicklung ist mir wichtig. Ich besuche jedes Jahr mehrere
Seminare und Kongresse.

Ich gehe auf meine Mitarbeiter zu, rufe sie an, wenn es Unstimmigkeiten und
Unklarheiten gibt. Verzichte in solchen Momenten auf emails, da diese nur
noch mehr Missverständnisse nach sich ziehen (können).

Ich stehe für gelebtes Wissen, Natürlichkeit und Authentizität. Ich arbeite an
mir selbst, an meinem Selbstvertrauen.

Was sind für Sie die wichtigsten Bestandteile guter Führung?
Wissen, Fachkompetenz, Vorbild sein, soziale Kompetenzen, Methodenkompe-
tenz, Klarheit, Transparenz, Mut, Herz und Verstand, Selbstreflexion, die eigenen
Stärken und Schwächen kennen, immer wieder die eigene innere Balance
suchen und finden, Empathie, offene Fragen stellen, Feedbackregeln kennen,
bei den Mitarbeitern Stärken stärken, nicht beratungsresistent sein, Charisma.

Wie haben Sie zu Ihrem unverwechselbaren Führungsstil gefunden?
Love it, leave it or change it.
Praxis, TUN, sich reflektieren …

Welchen Stellenwert haben die Themen Soft Skills und emotionale Intelligenz in Ihrem Führungsstil?

Soft Skills (u.a. Kommunikationsfähigkeit, Rhetorik) sind sehr wichtig für's Weiterkommen, wenn man Karriere machen will und Erfolge verbuchen möchte. Darüber hinaus sind sie bedeutsam in der Mitarbeiterführung.

Mit emotionaler Intelligenz (Fähigkeit der Selbstmotivation sowie die Fähigkeit, Emotionen bei sich und anderen wahrzunehmen und damit umgehen können) als Steuerungsinstrument kann ich meine Mitarbeiter besser managen und entsprechend ihren Potentialen und Stärken gezielt einsetzen. Gefühle sind notwendig für wirksame Führung.

Emotionale Intelligenz hilft positive Beziehungen aufzubauen. Diese wiederum sind wichtig für die eigene psychische und physische Gesundheit und die der Mitarbeiter.

Wie viel menschliche Nähe ist zwischen Führungskraft und Mitarbeitern möglich, wie viel Distanz nötig?

Eine Führungskraft sollte für ihre Mitarbeiter echtes Interesse haben, ihre Stärken, Talente, Potentiale und Ziele kennen und wissen, wie wohl sie sich in und mit ihrer Arbeit fühlen. Dafür muss sie sich Zeit nehmen und regelmäßig durch die Abteilungen und das Werk gehen. Smalltalk auf dem Gang reicht da nicht.

Professionelle Distanz in manchen Dingen schadet nicht. Die Mitarbeiter sollen die Führungskraft respektieren und nicht lieben. Im Gegenteil: Es dürfen Spannungen und Konflikte auftreten.

Wie lautet Ihr ultimativer Führungstipp?

Gibt es diesen?

Führen kann nur, wer sich selbst führen kann.
Selbstführung beginnt im Kopf!

Führen durch mentale und emotionale Stärke

Mit dem Thema „Führen" und „Führungsstile" beschäftigen sich Soziologen und Sozialpsychologen schon seit Anfang des letzten Jahrhunderts. Nachdem Max Weber die „3 Formen der Herrschaft" (Max Weber. Wirtschaft und Gesellschaft. 1922) definierte, entwickelte Kurt Lewin diese 1937 bis 1938 zu den „Klassischen Führungsstilen" weiter. Seine Definition des Autoritären, Kooperativen und Laissez-faire Führungsstils (Helmut E. Lück. Kurt Lewin. 2001) kann man heute durchaus als eine Beschreibung der Entwicklung des Führungsstils über die letzten Jahrzehnte sehen. Der Kooperative oder auch Kollektive Führungsstil wird heute mehr und mehr durch „Followership", also dem freiwilligen, aktiven Folgen (follow = englisch für „folgen") abgelöst. Eine Variante des Laissez-faire Stils (laissez-faire = französisch für „machen lassen"), bei der es darauf ankommt, die richtigen Impulse zu setzen, um die Mitarbeiter als Follower für sich und das Unternehmen zu gewinnen. Letztendlich sind Führungsstile so unterschiedlich wie die Menschen selbst. Aber führen kann nur, wer sich selbst führen kann.

„Führungskräfte müssen letztlich nur eine Person führen und diese Person sind sie selbst." Diese Aussage geht auf den ehemaligen Journalisten, Professor und Berater Peter F. Drucker zurück. (http://www.managerseminare.de/ms_Artikel/Selbstfuehrung-Der-innere-Lotse, Quelle: managerSeminare 185, August 2013, Seite 38 – 44). Der verstorbene Begründer der modernen Managementlehre äußerte diesen Satz schon vor Jahrzehnten, und heute ist er so aktuell wie nie. Inzwischen ist die Führungsforschung der Ansicht, dass sich Führung in Richtung Folgschaft entwickelt und Mitarbeiter selbst darüber entscheiden (wollen), wem sie folgen oder nicht. (Antje Heimsoeth in Peter H. Buchenau. Chefsache Prävention I. 2014. S. 98)

„Die Führungskraft neuen Typs ist Therapeut, Mentor, Lehrer, Führer, Freund, Vorbild und Ratgeber in einer Person. Wir sind nicht dazu geschaffen, nur Leistung zu bringen, Funktionen auszuüben und dabei mit anderen Funktionsträgern zu interagieren – wir sind da, um die Maske abzunehmen, wahre, reale Menschen zu sein, die mit anderen Menschen auf den Ebenen in Beziehung sind, die wirklich zählen." (Lance Secretan. Inspirieren statt motivieren. 2006)

In aller erster Linie, neben vielen anderen Aufgaben, sind Führungskräfte Vorbilder und so doppelt gefordert. Vorbilder stecken an, machen neugierig, motivieren zur Erreichung gemeinsamer Ziele. Vorbilder fördern Fähigkeiten und zeigen Handlungsalternativen auf. Für die Führungskräfte bedeutet das, zum einen an ihrer Haltung und mentalen Stärke zu arbeiten und zum anderen, die Bedürfnisse ihrer Mitarbeiter zu erkennen und zu berücksichtigen. Sie sind verantwortlich für die zwischenmenschlichen Beziehungen und das Wohlbefinden im Job – ihr eigenes und das ihrer Mitarbeiter. Mentale und emotionale Stärke in der Führung, Transparenz, Klarheit, Offenheit, Interesse und Wertschätzung sind Einflussfaktoren zu diesem Wohlbefinden und zum gegenseitigen Vertrauen.

Gesunde Führung wird immer wichtiger

Gerade in der heutigen Zeit, in der die Weltgesundheitsorganisation, WHO, Stress zur größten Gesundheitsgefahr des 21. Jahrhunderts deklariert hat, tragen Führungskräfte zudem auch die Verantwortung für ihre eigene Gesundheit und für gesundheitsfördernde Führung. Psychische Erkrankungen nehmen rasant zu, sind auf dem Vormarsch. Woran liegt das? Provokativ gefragt: Gibt es immer mehr Weicheier und Heulsusen?

Die WHO definiert: „Gesundheit ist ein Zustand des vollständigen körperlichen, geistigen und sozialen Wohlbefindens und nicht nur des Freiseins von Krankheiten und Gebrechen."

Die wichtigste Ressource eines Unternehmens sind die Menschen. Führungsverhalten und Führungsstil wirken sich erheblich auf die Gesundheit der Mitarbeiter aus und beeinflussen damit gravierend die Funktionsfähigkeit und Produktivität des Unternehmens. Führung ist also ein Gesundheitsfaktor. Je mehr Führungskräfte über mentale Gesundheit wissen, umso „gesünder" wird auch ihr Führungsstil. Es ist bekannt, dass Manager, deren Mitarbeiter einen hohen Krankheitsstand aufweisen, diese Tendenz auch bei einem Unternehmenswechsel fortsetzen. Genauso übernehmen Führungskräfte mit einem stärkenorientierten und die Motivation fördernden Führungsstil diesen auch an einem neuen Arbeitsplatz.

Es gibt viele Faktoren, die die psychische Gesundheit am Arbeitsplatz stärken. Dazu gehören: Spaß, Freunde, soziale Kontakte und Unterstützung, Selbstvertrauen, Aufgehobensein im Team, kooperativer Führungsstil, bewältigter Stress, Erfolgserlebnisse. Das gilt für Sie als Führungsperson genauso, wie für Ihre Mitarbeiter.

Selbstführung beginnt im Kopf

„Wer andere kennt, ist gelehrt. Wer sich selbst kennt, ist weise."
Lao Tse

Wie sehe ich mich selbst? Wie führe ich mich selbst? Wer bin ich? Wo komme ich her? Wo gehe ich hin? Was sind meine inneren Konflikte, was ist mir wichtig? Was treibt mich an? Was bereitet mir Sorgen und Ängste?

Ich arbeite an mir selbst – andere Menschen kann man nicht verändern. „Wasch mich, aber mach mich nicht nass." funktioniert nicht. Wichtige Voraussetzungen für die eigene Führungsarbeit sind: Positive Grundhaltung, positives Menschenbild, Klarheit, Neugierde, Flexibilität, Zielorientierung, aktive statt passive Haltung, Verantwortung für sich selbst und die Umwelt übernehmen, Ziele und Visionen haben.

Positives Denken, Fühlen und Handeln vergrößert unsere mentalen, körperlichen und zwischenmenschlichen Ressourcen. Eine positive Grundstimmung erweitert den geistigen Horizont und lässt uns tolerant und kreativ auf Veränderungen zugehen.

Was braucht der Mensch (ob Mitarbeiter oder Führungskräfte), damit er sich wohlfühlt? Positive Beziehungen, Selbstakzeptanz, Selbstwirksamkeit, Sinn- und Zielorientierung, Autonomie, persönliches Wachstum, im Einklang mit eigenen Werten handeln, Balance zwischen Anspannung und Entspannung schaffen, Optimismus, offen auf das Leben zugehen, in meine sozialen Beziehungen investieren. Was lässt uns mental stark sein? Sie finden auf den folgenden Seiten ein paar Ansätze und Impulse aus dem großen mentalen Werkzeugkoffer.

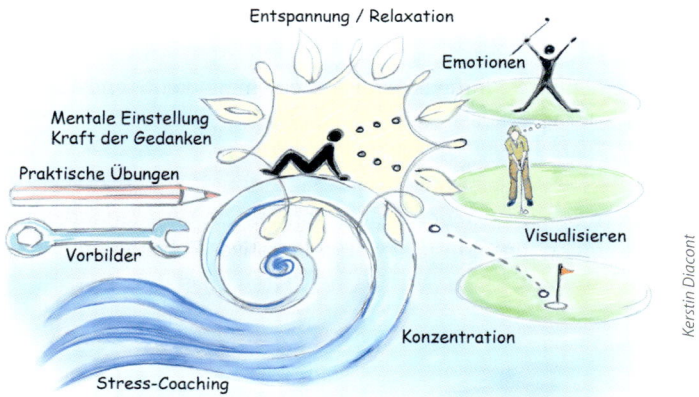

Mentales Training

Der Erfolg im Business hat ähnliche Voraussetzungen wie im Sport: Mentale Stärke und innere Haltung machen 70 bis 80 Prozent aus, Fachwissen und Arbeitstechniken lediglich 20 bis 30 Prozent. Erfolgreiche Spitzensportler und Trainer zapfen eine mentale Kraftquelle an, auf die jeder Zugriff hat: Das Selbstvertrauen und die Überzeugung, dass man Erfolg haben wird, der unerschütterliche Glaube an sich selbst. Siegertypen eint ein interessantes, positiv formuliertes, aktives Ziel und der unbedingte Wille, es zu erreichen. Ihr Motor ist die Motivation, das innere Feuer, das sie antreibt.

Was ist Mentale Stärke?

Der Begriff „mental" stammt aus dem Lateinischen und bedeutet: die psychischen Vorgänge (Denken und Vorstellen) betreffend (www.wissen.de).
Prof. Dr. Hans Eberspächer, Pionier der praktischen Sportpsychologie, definiert: „Mentales Training ist das planmäßig wiederholte, systematische, bewusste und kontrollierte Optimieren von Vorstellungen eines Eigenzustandes, seiner Handlung und/oder seines Weges ohne gleichzeitig praktische Ausführung." (Hans Eberspächer. Mentales Training. 2007. S. 73).

Mentales Training ist also die gedankliche Vorbereitung, ein Hineingehen in eine Situation im Vorfeld. Für unser Gehirn ist es nahezu egal, ob man etwas macht oder es sich nur vorstellt.
Im Sport führt mentales Training als Ergänzung zum körperlichen Training nachweislich zu Leistungssteigerungen, Lernoptimierung sowie verbesserten Handlungsabläufen – diese sind auf den Punkt genau am Tag X abrufbar –, zu mehr Selbstvertrauen und größeren Erfolgen, einer veränderten Selbst- und Körperwahrnehmung und sorgt für schnellere Regeneration und bessere Erholung. Mentaltraining hilft auch in Alltagssituationen und anderen Lebensbereichen weiter – und ist für JEDEN leicht zu lernen. Mentale Stärke ist nicht ererbt. Das regelmäßige, systematische Trainieren von mentalen Techniken führt zu positiven und anhaltenden Veränderungen, zu gewünschten und den Anforderungen entsprechenden States (Zuständen), zu einer besseren Konzentration und einem bewussten Umgang mit inneren und äußeren Störfaktoren wie z. B. Lärm, kritische Kollegen, Wettbewerber, Verkrampfungen, Uhrzeit. Die im Mentaltraining durchgeführten Methoden und Techniken sind praxiserprobt und beruhen auf gesicherten wissenschaftlichen Erkenntnissen.

Definition Mentale Stärke:
Als mentale Stärke bezeichnet man die „Fähigkeit, im entscheidenden Moment unter den gegebenen Bedingungen die bestmögliche Leistung zu erbringen" (R. Venzl. 1993).

Dr. James Loehr (2001, S. 20) definiert Mentale Stärke wie folgt:
„Mentale Stärke ist die Fähigkeit, sich ungeachtet der Wettkampfbedingungen an seiner oberen Leistungsgrenze zu bewegen."

„Mentaltraining endet nicht mit der Tätigkeit, wegen der man es macht. Es geht weiter im Beruf, in zwischenmenschlichen Konflikten mit dem Partner oder mit dem Chef. Ängste vor Operationen oder nach Krankheiten, vor Bewerbungsgesprächen – immer dann, wenn man in eine Stresssituation kommt, ist man auf mentale Stärke angewiesen. Das ist eine fantastische Lebensbereicherung. Eine Bereicherung, die man dann auch in Nicht-Extremsituationen brauchen kann", so beschreibt Race Across America (RAAM) Teilnehmer Wolfgang Mader seine Erfolge mit Mentalem Training. Der Extremsportler, der über die Leichtathletik zum Marathon gekommen war, erkannte, dass er umso besser mit Jüngeren mithalten konnte, je länger die Rennen andauerten. Für sein Ziel, das härteste Radrennen der Welt zu finishen, war vor allem seine mentale Stärke entscheidend. „Ein RAAM gewinnt man nicht mit den Oberschenkeln, nicht mit der Lunge, nicht physisch – das gewinnt man psychisch und mental."
So entschied er sich für ein einwöchiges Seminar bei mir. „Ich habe dort gelernt, dass es unabhängig von der Ausbildung, unabhängig vom Alter, unabhängig von Herkunft und bisherigen Fähigkeiten jedem Menschen möglich ist, sich mental zu Leistungen zu pushen, die er vorher nicht für möglich gehalten hat. Das beruht im Grunde auf drei Punkten:
Man muss wissen, wie es geht. Das wurde mir im Seminar auf sehr einfache, plakative und wirkungsvolle Weise beigebracht.
Man muss daran glauben.
Und man muss es in der Folge dann auch wirklich tun.
Das, was man durch Mentaltraining in Monaten und in ein bis zwei Jahren an Leistungssteigerung und Leistungsvermögen erreichen und dazu gewinnen kann, dafür braucht man physisch, also im rein körperlichen Training, sicher mindestens zehn Jahre."

Gedankenhygiene

„Wir sind, was wir denken. Alles, was wir sind, entspringt der Gedankenwelt. Mit unseren Gedanken erschaffen wir die Welt."
Buddha

Das menschliche Gehirn kann lebenslang seine neuronale Struktur verändern. Der Fachbegriff aus der Hirnforschung für die Fähigkeit des Gehirns, sich neu zu verdrahten und neue Lern- und Denkmuster zu verankern, heißt neuronale Plastizität. Lernen entsteht auf der Ebene des Gehirns durch häufige Benutzung von Nervenverbindungen. Man kann sich das wie beim Muskeltraining vorstellen. Wird ein Muskel trainiert, wird er stärker. Der gleiche Effekt tritt bei den Nervenverbindungen auf, die wir häufig benutzen.

» Häufig genutzte Verknüpfungen werden verstärkt
» Selten genutzte Verknüpfungen werden geschwächt oder abgebaut
(D.O. Hebb. The organization of behavior. A neuropsychological theory. 1949, New York).

Das Gehirn ist also trainierbar und sein Wachstum endet nicht mit einem bestimmten Alter. Veränderte Muster und die darauf aufbauenden Bewältigungsreaktionen und gesünderen Verhaltensweisen verfestigen sich nach und nach. Mentaltraining führt dazu, dass sich aus neuronalen „Trampelpfaden" neuronale mehrspurig ausgebaute „Autobahnen" entwickeln. Es kommt zu einer Ausbildung stabiler neuronaler Vernetzungen (vgl. Hüther, 2004; Spitzer, 2002).
Das gilt auch für negative und (selbst-)destruktive Gedanken, von denen wir alle nicht verschont bleiben. Machen Sie sich bewusst, dass je mehr Aufmerksamkeit und Energie Sie diesen Gedanken schenken, sie umso intensiver und präsenter werden.

Morgens um sieben ist die Welt noch in Ordnung. Nachdem Franz Müllers Radiowecker ihn mit den neuesten schlechten Nachrichten (Steuererhöhung, Autounfall, Brand auf Ölbohrinsel, Erdöl läuft aus, Arbeiter sterben, Verletzte, Naturkatastrophe, …) geweckt hat, trinkt er Kaffee und überfliegt die Tageszeitung (Korruption, Krieg, abstürzende Aktien), im Radio laufen Nachrichten (Ölbohrinsel brennt, es gibt noch mehr Verletzte und Tote …, ein Politiker hat eine Affäre …). In Ordnung ist Müllers Welt zu diesem Zeitpunkt schon nicht mehr.

„Mein Gott", denkt er, „was nicht alles Schlimmes passiert ... furchtbar!" In seinem Kopf spukt dazu die für Mittag angesetzte Quartalszahlen-Präsentation herum. Während der Autofahrt ins Büro hört er Radio (die Eheprobleme des Politikers, ein Schiff mit Flüchtlingen ist gekentert ... der Syrien-Konflikt nimmt kein Ende ...) und Müller denkt: „Die Handouts sind noch nicht fertig. Ich bin jetzt schon nervös, ich hasse Präsentationen ... die Kollegen interessiert eh nicht, was ich sage ..." Auf dem Flur im Büro unterhalten sich die Kollegen gerade über das auslaufende Erdöl und die vielen Toten. Mit brummendem Schädel fährt Müller seinen PC hoch. „Lieber schnell noch ´ne Kopfschmerztablette", denkt er.

Kerstin Diacont

Altlasten im Kopf

Ständig kreisen die Gedanken in unserem Kopf. Dauernd sprechen wir mit unserer inneren Stimme zu uns selbst. Wissenschaftler haben herausgefunden, dass wir am Tag etwa 60.000 Gedanken produzieren und 70.000 Gefühle haben. Bis Müller um 8.30 Uhr am Schreibtisch sitzt, hat er über eine Stunde negative Nachrichten konsumiert, sich Sorgen über die Weltlage gemacht, an sich gezweifelt und hat dazu außerdem x-Mal daran gedacht, was heute alles schief gehen könnte. So steckt er mitten in einer negativen Gedankenspirale und fühlt sich mies. Denn Gedanken und Gefühle bedingen sich wechselseitig und wirken sich so auch auf unser körperliches Wohl aus. Übrigens weiß die Forschung auch, dass der Großteil dessen, was wir täglich denken, nicht neu ist: Unsere Gedanken wiederholen sich zu ca. 95 Prozent ständig, haben Psychologen herausgefunden – jeden Tag regen wir uns erneut über das Wetter auf, die Kollegen, den Verkehr, unsere Figur, die Politiker usw. Ist auch irgendwie bequem, denn eine andere Denkweise bedeutet eventuell das Verlassen der Komfortzone.

Die Welt ist, wie man sie sich denkt

Wir erschaffen unsere Realität selbst. Das haben Sie sicherlich schon oft gehört. Ja, es stimmt! Wir denken zum Beispiel, wir seien nicht gut genug im Job und fühlen uns mit der Zeit immer schlechter. Das beeinflusst unser Verhalten, bis sich unsere persönliche „Wahrheit" bestätigt. Der Unterschied zu erfolgreichen Menschen ist: Verlierer spielen in Gedanken stets das eigene Versagen durch. Die Bilder, die dazu im Unterbewussten abgespeichert werden, haben die Tendenz, sich zu erfüllen – nach dem Prinzip der selbsterfüllenden Prophezeiung.

Sieger denken anders

„Ändere deine Gedanken und dein Leben ändert sich". Dieser Satz weckt bei vielen Menschen zwiespältige Gefühle – es klingt zu einfach, um wahr zu sein. Aber wären Spitzensportler wie Becker, Schumacher, Kahn und viele andere so erfolgreich geworden, hätten sie wie ein Verlierer gedacht? Athleten lernen, dass negative Gedanken u. a. zu Muskelverspannungen und inneren Verspannungen führen, den Bewegungs- und Atemfluss hemmen und evtl. zu leichten Schmerzen führen. Gedanken bewirken im Körper Reaktionen, können uns verkrampfen und entspannen lassen. Positive Gedanken, positive Wörter und Lachen lockern die Muskulatur und führen zu einer veränderten Sicht der Dinge. Beim Lachen bewegen wir ca. 300 verschiedene Muskeln; ein positives Signal kommt direkt zum Großhirn. Es löst Erinnerungen aus, die positiv besetzt sind und eventuell bis in die Kindheit zurück gehen. Bereits nach wenigen Sekunden werden negative Gefühle von positiven überlagert.

Es gibt im Mentaltraining effektive Methoden, das Geplapper im Kopf zu stoppen, die Gedanken zu überprüfen und bewusst das Denken in neue, positive Bahnen zu lenken.

„Ich schaffe es" – das positive Selbstgespräch

Dieser vom bekannten Buchautor Hannes Lindemann geprägte Satz begleitete ihn bei seinen Atlantiküberquerungen mit einem Serienfaltboot. Er erkannte den Zusammenhang zwischen inneren Gedanken und der Leistungsfähigkeit seines Körpers und war der Meinung, dass misserfolgreiche Handlungen (z. B.

eine Aufgabe bei seinen Überquerungen) ihren Ursprung in negativen Selbstgesprächen haben. Lindemann hat es folgendermaßen formuliert:

„Ein Schiffbrüchiger gibt zuerst seelisch auf, dann erst folgen die Muskeln, und als letztes überlebt das Rettungsboot!" (T. Zerlauth. 2000. S. 224)

Das Wort Affirmation beinhaltet das lateinische Verb „firmare", was so viel bedeutet wie „festigen, verankern". Eine Affirmation (Bekräftigung, Bejahung) ist eine Behauptung, die, wenn man sie oft genug laut oder innerlich in der gleichen Art wiederholt, Gedanken und Überzeugungen verändert.

„In Selbstgesprächen formuliert man Pläne für sein Handeln, gibt sich selbst Anweisungen, ordnet seine Gedanken oder kommentiert das eigene Handeln." (Hans Eberspächer. 2007. S. 21).

Hier ein paar Grundsätze für die Formulierung von Affirmationen:
» Positive, bejahende Formulierungen, z. B. Ich habe Selbstvertrauen. Ich fühle mich stark. Ich bin geduldig.
» Kurze, knappe, einfache Sätze, die leicht auszusprechen und zu wiederholen sind.
» Formulierung rhythmisch oder auch lustig und originell.
» Formulierung von Affirmationen in der Gegenwartsform, so als hätten Sie es bereits erhalten oder das Ziel bereits erreicht.
» Jeden Satz mit „Ich" anfangen.
» Keine Affirmation verwenden, von der Sie selbst nicht glauben, dass sie auf Sie zutrifft.
» Lassen Sie die Affirmation durch ständiges Wiederholen zum Ohrwurm werden.

„Ich kann nicht, ich schaff´ das nie, das ist zu schwer …"

Gedanken-Stopp Technik
(Antje Heimsoeth in Peter H. Buchenau. Chefsache Prävention I. 2014. S. 81 ff.) Sobald negatives Denken und eine selbsterfüllende Prophezeiung aufkommt, visualisieren Sie ein Stoppschild wie im Straßenverkehr oder ein ähnliches Symbol, schauen es an und sagen „STOPP" (leise oder laut). Sie können das Wort auch mehrmals hintereinander sagen: „STOPP! STOPP! STOPP! STOPP!" Sie können zusätzlich noch mit einer Hand auf den Oberschenkel klopfen. Was besser zu Ihnen passt. Atmen Sie dabei ruhig und tief ein und aus. Wenn es Sie unterstützt, können Sie sich beim Ein- und Ausatmen vorstellen, wie sich dieser Gedanke in Luft auflöst.

Nach dem STOPP-Signal richten Sie ihre Gedanken entweder auf etwas, das

Ihnen gut tut oder auf die anstehende Aufgabe, suchen nach einer Lösung für die Aufgabe bzw. konzentrieren sich auf die Aufgabe. Dies unterstützen Sie mit einem positiv formulierten und unterstützenden Gedanken, z. B. Erinnerung an etwas Angenehmes, damit Sie nicht wieder in das alte belastende, negative Denkmuster verfallen!

Lassen Sie dieses Stopp-Verfahren zur Gewohnheit werden. Das dauert erfahrungsgemäß etwas. Setzen Sie den Gedankenstopp in stressfreien Situationen ein, damit Sie diesen dann auch an Tagen der „schlechten Befindlichkeit" wirkungsvoll einsetzen können. Wenn Sie sich unter Stress befinden, neigen Sie dazu, gewohnte Verhaltensweisen oder Stereotypen durchzuführen, ob diese nun der Situation angemessen sind oder nicht. Das heißt: Verhaltensweisen, die kaum trainiert sind, sind unter Stress nicht abrufbar.

Bitte denken Sie daran: Das neue, bewusste und positive Denken bedeutet Training – wie technisches und körperliches Training auch.
Geben Sie sich Zeit und Geduld!

» Achten Sie auf das, was Sie denken.
» Machen Sie sich dauerhaft positive Gedanken und Gefühle.
» Hinterfragen, analysieren Sie alte Denkmuster.
» Üben Sie sich täglich im Umformulieren und Gedankenhygiene.
» Schreiben Sie Affirmationen (positive Selbstgespräche) auf.
» Lesen Sie diese täglich mehrmals, tragen sie bei sich, sprechen Sie sie auf einen ipod.
» Aufmerksamkeit auf Lösungen richten, statt auf Probleme.

„Positives Denken" heißt realistisches Denken. Es setzt voraus, sich selbst richtig einschätzen zu können. Mit positiven Gedanken fühlen wir uns besser und sind unter anderem motivierter, was das Erledigen von Aufgaben und Erreichen von Zielen betrifft.

Dankbarkeit

Blick auf das Positive im Leben beinhaltet auch, sich der guten Dinge bewusst zu werden und dankbar dafür zu sein. Führen Sie als abendliches Ritual vor dem Schlafengehen ein Dankbarkeitstagebuch. Hier schreiben Sie all die schönen, die kleinen und großen, besonderen Ereignisse, das Gute in Ihrem Leben, Dinge, für die Sie dankbar sind, auf. Dinge, die Ihnen heute Freude gemacht haben, Namen der Menschen, die heute positiv auf Sie eingewirkt haben. Der Fokus wird auf die angenehmen Dinge des Lebens gelenkt, Selbst-Bewusstsein und Selbst-Wert werden gestärkt. Auf lange Sicht wird Sie das glücklicher und zufriedener machen. Wenig Aufwand: Große Wirkung!

Mentale und emotionale Stärke in der Führung

Mentales Training hilft nicht nur Leistungssportlern und deren Trainern, sondern jeder Mensch kann durch positive Einstellungen und Denkmuster mentale Stärke aufbauen.

Mentale Stärke, Offenheit und Loyalität gehören auch für Ursula Schwarzenbart, Leiterin Talent Development & Diversity Management bei der Daimler AG, zu den wichtigsten Faktoren Ihrer Führungsphilosophie. Einblicke dazu im folgendem Interview:

Worin sehen Sie die größten Herausforderungen als Führungskraft?

Entscheidend für Manager ist die Fähigkeit, mit den Veränderungen in der Gesellschaft umzugehen und daraus Nutzenpotentiale für ihre Arbeit zu erschließen. Wir leben heute mit schnell wechselnden Trends, einer hoch-dynamischen Innovationsentwicklung und 24/7-Begleitung durch die Medien. Führungskräfte sollten sich dessen bewusst sein und positiv damit umgehen, dass ihre Rahmenbedingungen einem ständigen Wandel unterliegen. Die Möglichkeiten die dadurch entstehen müssen sie identifizieren und den Mitarbeitern vermitteln. Manager sind Botschafter der Veränderung für ihre Mitarbeiter.

Was tun Sie, um eine bessere Führungskraft zu werden?

Management ist wie Leistungssport. Es bedeutet permanentes Training. Man kann nicht nur zum Spiel auflaufen, sondern muss Dinge üben, verinnerlichen, reflektieren und weiter lernen. Vor allem Selbstreflektion ist sehr wichtig. Bei der Daimler AG gibt es feste Prozesse, innerhalb derer die Mitarbeiter – zusätzlich zu einer klassischen Mitarbeiterbefragung – ihren Vorgesetzten Rückmeldung zum Unternehmen, zum Führungsstil und zu allen anderen Themen geben, die den Mitarbeiter beschäftigen.

Was bedeutet Führung für sie?

Eine Führungskraft ist eine Mischung aus Coach, Sparringpartner und Verantwortlicher im wahrsten Sinn des Wortes. Loyalität und Integrität sind Grundvoraussetzung, die Basis dafür, dass Mitarbeiter ihrer Führungskraft folgen wollen. Es gilt, Verantwortung für die Mitarbeiter zu übernehmen, auch wenn es mal schwierig wird.

Was tun Sie, um Mitarbeitern zu mehr Erfolg zu verhelfen?

Da sehe ich zwei Komponenten. Erstens inhaltliche Schwierigkeiten: Wenn ich das Gefühl habe, fachliche Unklarheiten treten auf oder der Mitarbeiter gibt nicht sein Bestes, dann spreche ich das offen an. Ich möchte die Situation verstehen, um dann gezielt zu unterstützen. So kann gemeinsam eine Lösung gefunden werden. Und zweitens gibt es für die Weiterentwicklung des Mitarbeiters bei der Daimler AG das Prinzip der Nachfolgeregelung. Das heißt ein Mitarbeiter arbeitet ein bis zwei mögliche Nachfolger für seine Position ein, so ist er frei, den nächsten Schritt zu tun. Zugleich erhöht sich die Motivation der potentiellen Nachfolger damit. Wir geben unseren Mitarbeitern die Chance, etwa alle drei bis sieben Jahre die Position zu wechseln, so dass ihre Aufgaben bei Daimler immer spannend und herausfordernd bleiben. Für diese Unternehmenskultur haben wir natürlich ideale Voraussetzungen, in kleineren Betrieben ist das nicht so einfach.

Was können sich Führungskräfte von erfolgreichen Trainern abschauen?

Auf jeden Fall kann die Führungskraft von erfolgreichen Trainern deren ausgeprägte Fähigkeit aufmerksam zuzuhören lernen. Zudem sind erfolgreiche Trainer
immer nah am Team dran, nehmen sich Zeit für den Einzelnen und setzen sich
dafür ein, den Einzelnen und das Ganze zu verstehen. Leidenschaft gehört
natürlich auch dazu.

Wie lauten Ihre Erfolgsfaktoren?

Ganz kurz auf den Punkt gebracht: Integrität, Loyalität, Konsequenz und Inno-
vationskraft. Eine Führungskraft muss Veränderungen nicht nur zulassen,
sondern anregen und aktiv begleiten.

Wie formen Sie ein Team?

Wir sind bei Daimler überzeugt, dass gemischte Teams bessere Ergebnisse
erzielen. Ich schaffe also drei Grundvoraussetzungen: Unterschiedliche Generationen, unterschiedliche Geschlechter und unterschiedliche Erfahrungs-
hintergründe. Es muss diskutiert werden, auch kontrovers. So entstehen Innovationen. Bei Daimler haben wir in der Vergangenheit folgenden Versuch
gestartet: Wir haben einem möglichst homogenen Team eine komplexe
Aufgabe zu lösen gegeben. Die Kollegen waren hauptsächlich damit beschäftigt, die Hierarchie festzulegen, es gab keine klare Rollenverteilung im Team
und die Aufgabenverteilungen verlief stockend. Ein heterogenes Team löste
die Aufgabe wesentlich effizienter und effektiver.

Woran scheitern Teams in der Arbeitswelt?

Da gibt es einige Gründe: zu homogen, zu harmonisch, zu viel individuelles
Karrierestreben. Teams müssen so aufgebaut und entwickelt werden, dass die
einzelnen Mitarbeiter für das Team arbeiten und sich dafür einsetzen.

**Wie gestalten Sie Zielvereinbarungen, damit diese eine Herausforderung
aber keine Überforderung sind?**

Bei uns gibt es dafür klare Prozesse: Die Mitarbeiter machen selbst Vorschläge
für ihre Ziele und diese werden mit der Führungskraft besprochen. Natürlich
achten wir darauf, dass sich Ziele innerhalb von Teams ergänzen und dass sie
über alle Ebenen hinweg zum Ziel der jeweiligen Division beitragen. Das Ent-
scheidende ist: Es muss wirklich eine Vereinbarung zwischen Mitarbeiter und
Vorgesetztem sein und keine Vorgabe.

Wie kommunizieren Sie die Ziele des Unternehmens an die Mitarbeiter?

Dadurch, dass die individuellen Ziele der Mitarbeiter auf das Gesamtziel des Unternehmens einzahlen, werden alle Mitarbeiter in den Zielvereinbarungsgesprächen informiert und ziehen an einem Strang. Außerdem werden die Ziele natürlich bei Bereichsveranstaltungen, Abteilungsmeetings und auch im Intranet kontinuierlich kommuniziert und reflektiert. Zweimal jährlich findet ein Mitarbeitergespräch mit Rückblick und Ausblick statt.

Wie gewinnen Sie Mitarbeiter dafür, mit Spaß, Mut und Engagement an der Umsetzung der Vision und Ziele mitzuarbeiten?

Die gemeinsame Zielvereinbarung ist die Voraussetzung dafür, dass alle Mitarbeiter sich den Zielen des Unternehmens verpflichtet fühlen. Zudem wird besonderes Engagement natürlich belohnt, durch positives Feedback, aber auch durch finanzielle Anerkennung. Je besser es der Führungskraft gelingt, auf die individuellen Eigenschaften und Talente ihrer Mitarbeiter einzugehen, desto motivierter leistet jeder seinen Beitrag. Und desto erfolgreicher ist das gesamte Team!

Wie unterstützen Sie ihre Mitarbeiter bei der Erweiterung der persönlichen Fähigkeiten?

Ich beschäftige mich intensiv mit den Eigenschaften, insbesondere mit den Stärken, meiner Mitarbeiter. Wir vermitteln unseren Führungskräften in Trainings, wie wichtig es ist, die Stärken der Mitarbeiter zu erkennen und nutzenstiftend einzusetzen.

Wie gehen Sie mit Druck um?

Ich treibe mehrmals wöchentlich Sport für die physische Stabilität und mache auch autogenes Training oder Meditation, wenn ich das Gefühl habe, es tut mir gut. Außerdem habe ich gelernt, die Ruhe zu bewahren und Dinge zu reflektieren, ehe ich sie bewerte oder handle. Eine Nacht drüber schlafen hilft mir auch oft. Für unsere Führungskräfte bieten wir Seminare zum Thema Life Balance. Jede Führungskraft nimmt an diesen Seminaren teil. Letztlich geht es darum, was wir tun können, um Körper, Seele und Geist fit zu halten. Dazu gehören auch Entspannungstechniken und Gesundheitsmanagement, beides spielt in diesen Seminaren eine wichtige Rolle.

Wie gehen Sie mir Niederlagen um?

Ich reflektiere die Situation für mich selbst. Bei schwierigeren Themen habe ich auch einen Sparringpartner, mit dem ich diese Spiegelgespräche führen kann. Dann analysiere ich, was war der sachliche oder persönliche Fehler, was kann ich lernen, wie kann ich es in Zukunft anders machen. Was unsere Fehlerkultur bei Daimler betrifft, ist es unser Ziel, den Führungskräften aufzuzeigen, dass Fehler zum Lernen motivieren. Fehler werden nicht abgelehnt sondern gemeinsam reflektiert. Um das sicherzustellen, gibt es interne Coaches bei uns. In den letzten 25 Jahren hat Daimler sich eine Kultur erarbeitet, in der offen über Fehler gesprochen werden kann.

Zur Person: Ursula Schwarzenbart ist Leiterin Talent Development & Diversity Management bei der Daimler AG. Diversity Management nutzt die Vielfalt der Mitarbeiterinnen und Mitarbeiter im Unternehmen zur Erreichung des Unternehmenserfolgs. Bereits seit 1989 ist die, wie sie selbst sagt "Personalerin von der Pike auf" im Daimler Konzern. In ihrer gegenwärtigen Funktion trägt Ursula Schwarzenbart auch die Verantwortung für das Ziel, bis 2020 den Anteil an weiblichen Führungskräften bei Daimler auf 20 Prozent zu erhöhen. Aktuell liegt er bei 13%, damit ist Daimler voll auf Kurs.

Wertschätzung und Anerkennung

„Wertschätzung bezeichnet die positive Bewertung eines anderen Menschen. Sie gründet auf eine innere allgemeine Haltung anderen gegenüber." (Wikipedia, 2014) Wenn ich meinen Mitmenschen nicht „sehe" und achte, kann ich auch seine Leistungen nicht honorieren.
Ein wertschätzender, respektvoller Umgang miteinander ist die Basis jeder Beziehung. Wertschätzung beginnt bei dem eigenen Selbstwertgefühl und der eigenen Haltung. Wer seine Stärken kennt und seine innere Grundhaltung, seine Werte hinterfragt, der kann diese selbstbewusste Haltung auch nach außen vermitteln. Veränderungen fangen immer bei einem selbst an. Wenn Sie Ihre Haltung verändern, wird sich auch Ihr Umfeld verändern.

Selbstcoaching – Stärken stärken
(Antje Heimsoeth in Peter H. Buchenau. Chefsache Prävention I. 2014. S. 86)
Machen Sie sich Ihre Stärken bewusst. Welche Fähigkeiten, Talente, Kompetenzen, Ressourcen und positive Eigenschaften haben Sie? Was haben Sie schon alles

erreicht? Welche Erfolge konnten Sie schon feiern? Welche Charaktereigenschaften und Stärken schätzen andere an ihnen besonders?

Finden Sie für sich mindestens 15 positive Eigenschaften.

Welche der Stärken spielen in Ihrer Führungsrolle, dem Umgang mit Mitmenschen eine besonders wichtige Rolle?

Wenn Sie Ihre Stärken formuliert haben, bewerten Sie diese im nächsten Schritt. Zu wie viel Prozent leben Sie in der letzten Zeit ihre Stärke XY? Was wäre Ihr Wunsch-Wert?

Wodurch wurde der hohe Wert der Stärke bewirkt? Was werden Sie zukünftig tun, damit der Wert ihrer Stärke auf dieser Höhe bleibt oder sogar noch steigt? Denn ihre Stärken gilt es zu erhalten und zu verstärken.

Wie können Sie dies im Beruf und Alltag konkret umsetzen. Wie müssten Sie Ihr Umfeld gestalten, um Ihre Stärken Ihrem Wunsch-Ergebnis entsprechend einsetzen zu können?

Die **schriftliche** Dokumentation dieser Arbeit unterstützt den Prozess nachhaltig.

Geprägt von unserer Erziehung und Schule sind wir gewohnt, Fehler zu suchen, uns auf diese zu konzentrieren und sie zu korrigieren oder zu kompensieren. Obwohl wir alle mit Selbstvertrauen auf die Welt kommen, stehen Misserfolge und Schwächen häufiger im Vordergrund als Stärken. Diese negativen Erfahrungen wirken wie Blockaden. Wir fühlen uns „klein".

Nachteile dieser **Schwächenorientierung**:
» Verschlechterung der Beziehung Führungskraft – Mitarbeiter
» Herabsetzung der Leistungsfähigkeit
» Abbau des Selbstbewusstseins und Selbstvertrauens
» Beeinträchtigung des Wohlbefindens
» Verminderung der Motivation

Wertschätzung und Anerkennung als Gesundheitsschutz
Nach aktuellen Ergebnissen der Hirnforschung sind zwischenmenschliche Beachtung, soziale Beziehungen und Akzeptanz die wichtigste neurobiologische Glücks-Ressource und ein entscheidender Faktor im Gesundheitsschutz.

Die Chance, dass sich die Arbeitsfähigkeit erhöht, ist bei
» verstärkten körperlichen Freizeitaktivitäten: 1,8-fach
» verringerten monotonen Tätigkeiten: 2,1-fach
» erhöhter Anerkennung durch Vorgesetzte: 3,6-fach
(Finnische Längsschnittstudie 1981–1992, nach: Ilmarinen und Tempel)

Die schönste Arbeit wird frustrierend, wenn ein angemessene Echo ausbleibt. Dabei geht es nicht wie bei Burnout um hoffnungslose Überarbeitung. Es geht um das Gefühl fehlender Fairness und um den Eindruck, dass die eigene Arbeit keinen Sinn hat. Johannes Siegrist, Wissenschaftler und Direktor des Instituts für Medizinische Soziologie an der Heinrich-Heine-Universität Düsseldorf hat dazu eine empirische Studie durchgeführt. „Wenn zwischen der Leistung und der Anerkennung ein Ungleichgewicht besteht, wenn erbrachte Leistungen nicht beachtet werden, wenn Menschen unter einem massiven Kündigungsdruck stehen und gleichzeitig hohe Leistungen von Ihnen verlangt werden, nennen wir das eine berufliche Gratifikationskrise", beschreibt Siegris. Krank zu werden, ist eine Möglichkeit auf diese ungünstige Leistungs-Anerkennungs-Bilanz zu reagieren. (brand eins online, 09/2008).
Auch in Studien der Deutschen Angestellten Krankenkasse DAK (2012) wurde nachgewiesen, dass Mitarbeiter, die regelmäßig Anerkennung an ihrem Arbeitsplatz erleben deutlich weniger über Beeinträchtigungen wie Muskelverspannungen, Konzentrationsschwierigkeiten, Kopfschmerzen, Schlaflosigkeit oder Magenbeschwerden klagen als jene, die wenig oder keine Anerkennung erhalten.

Zahlreiche weitere Studien der letzten Jahre haben gezeigt, dass das Motivationssystem unseres Gehirns vor allem dann anspringt, wenn uns von anderen Menschen Wertschätzung, Anerkennung, Sympathie oder gar Liebe entgegengebracht wird. „Ein hinreichendes Maß an sozialer Anerkennung spielt, wie Studien zeigen, auch eine große Rolle für die Gesundheit am Arbeitsplatz. Wenn sich am Arbeitsplatz Verausgabung (Effort) und Anerkennung (Reward) nicht die Waage halten, wenn also eine sogenannte „Effort-Reward-Imbalance" vorliegt, dann erhöht sich die Rate derjenigen, die stressbedingte Gesundheitsstörungen zeigen, seien es orthopädische Beschwerden, nervöse Störungen, Schlafstörungen, gastrointestinale Beschwerden oder Herzerkrankungen." (Prof. Dr. med. Joachim Bauer. Das Glück und die Hirnforschung – Glücksquelle Mitmensch. 2014).

Wertschätzung ist keine Einbahnstraße. Stellen Sie sich folgende Frage: „Wie möchtest du gerne, dass andere mit dir umgehen?". Die häufigsten Antworten in den Workshops sind: wertschätzend, Blickkontakt, einfühlsam, gehört werden, Offenheit, Ehrlichkeit, ernst genommen werden, unvoreingenommen, zuhören, mit Respekt, freundlich, ohne Druck und Zwang, Freiheit, Selbstbestimmung, nicht arrogant, humorvoll, „angemessene" Sprache auch in Konflikten, innerlich auf gleicher Augenhöhe, achtsam, aufmerksam, herzlich, höflich, verständnisvoll, direkt, tolerant, akzeptiert werden, menschlich, differenziert wahrgenommen.

Wertschätzung ist die Haltung „Schön, dass es dich gibt", „ich achte dich" (was ich innerlich vorweg sage, wenn ich mich in einer ernsthaften Auseinandersetzung mit jemand befinde) oder „Du bist okay, ich bin okay" (Transaktionsanalyse). Sind Sie häufig zu hart zu sich selbst? Lernen Sie, sich selbst wertzuschätzen, denn Wertschätzung beginnt bei Ihnen selbst. Lernen Sie, Ihre eigenen Erfolge wertzuschätzen.

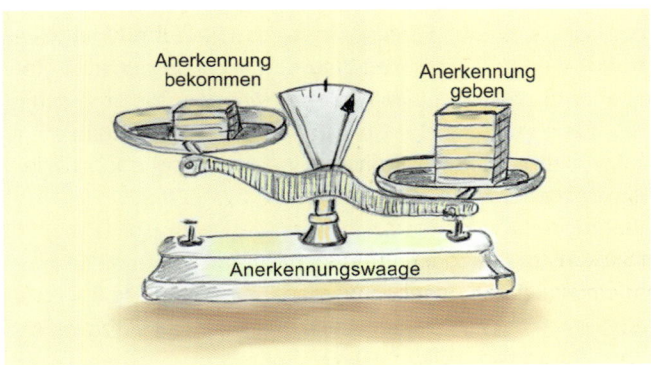

Erfolgstagebuch

(Antje Heimsoeth, Golf Mental – Pockettraining. 2012)

Nehmen Sie sich ein Heft, ein leeres Tagebuch, einen schönen Schreibblock und denken Sie über Ihre Erfolge in den letzten Wochen nach. Schreiben Sie künftig am besten täglich oder mindestens einmal wöchentlich die kleinen und großen Erfolgserlebnisse im Berufs- und Privatleben auf, damit keiner Ihrer Erfolge verloren geht bzw. in Vergessenheit gerät.

Was haben Sie gut gemacht, was ist Ihnen gut gelungen, wofür können Sie sich auf die Schulter klopfen, was war ein Schritt nach vorn?

Was hat Ihnen Spaß gemacht?

Was haben Sie dazu gelernt? Welche Probleme haben Sie gelöst?

Worauf können Sie stolz sein?

Wann ist es Ihnen gelungen, sich einmal deutlich abzugrenzen?

Apropos Erfolge: Hängen Sie die Messlatte nicht zu hoch.

Wertschätzung und Anerkennung (Synonyme für Anerkennung: Ansehen, Belobigung, Lob, Bestätigung) stärken unseren Selbstwert, doch kaum jemand hat das Gefühl genug oder sogar zu viel gelobt zu werden. Können Sie sich an eine große oder die größte Anerkennung in ihrem bisherigen Leben erinnern? Wie hat sie auf Sie gewirkt? Lob beflügelt, lässt einen über sich hinauswachsen. Reflektieren Sie Ihr eigenes Anerkennungs-Verhalten gegenüber ihren Mitarbeitern. Geben Sie genug Anerkennung? Wo fällt es Ihnen leicht, Anerkennung zu geben und wo nicht? Was schätzen Sie an Ihren Mitarbeitern? Beobachten Sie Ihre Mitarbeiter wertfrei, so erkennen Sie die persönlichen Stärken jedes Mitarbeiters. Formulieren sie diese Stärken, wie Sie es mit Ihren eigenen getan haben und schreiben sie sie auf. Machen Sie sich bewusst, was er oder sie Positives zum beruflichen Erfolg beiträgt. Eins ist klar – Sie sind als Führungskraft nichts ohne Ihre Mitarbeiter, Ihr Team. Sie sind so gut wie Ihr Team. Ohne Mitarbeiter ist keine Zielerreichung möglich. Natürlich dürfen auch Führungskräfte Lob von Mitarbeitern empfangen.

Lob und Anerkennung muss individuell, ehrlich und nachvollziehbar sein. Die wichtigsten Regeln für positives Feedback:

» Formulieren Sie in der Ich-Form.

» Seinen Sie konstruktiv, konkret und sachlich.

» Feedback muss zeitnah gegeben werden.

» Sprechen Sie detailliert an, was gut war, was zu verbessern ist und was eine wichtige Basis für die Zukunft ist.

Motivation

M., Abteilungsleiter in einem größeren Unternehmen, beklagte sich im Coaching, seine Mitarbeiter seien unmotiviert – er vermisse bei so manchem die Leidenschaft für ihren Job, so würden sich z. B. Projekte verschleppen und ständig müsse er hinter allem her sein, sonst ginge nichts voran. „Wie, meinen Sie, könnte denn die Motivation Ihrer Leute wieder gesteigert werden?" fragte ich ihn. Er antwortete prompt: „Erstens werden sie gut bezahlt und zweitens können sie froh sein, dass sie von den Stellenkürzungen im Haus nicht betroffen sind – man könnte doch meinen, das ist heutzutage Motivation genug!"

Erfolgreiche Menschen – ob Athlet, Young Professional oder Führungskraft – erreichen ihre Ziele kraft ihrer Gedanken und inneren Bilder, dank ihres Muts, ihrer Disziplin und ihrer Entschlossenheit. Was sie tun, tun sie mit Freude, Begeisterung, Disziplin und Willensstärke. Selbstmotivation ist dabei eine Schlüsselkompetenz.

Nach der Gallup Studie von 2014 ist das bei den deutschen Arbeitnehmern kaum der Fall. 17% haben bereits innerlich gekündigt und nur 16% aller Arbeitnehmer sind bereit, sich freiwillig für die Ziele ihrer Firma einzusetzen. Die restlichen 67% machen „Dienst nach Vorschrift". Laut Gallup-Schätzung entsteht durch schlecht motivierte Mitarbeiter ein volkswirtschaftlicher Schaden von 98,5 bis 118,4 Milliarden Euro pro Jahr. (Spiegel online. 2014).

Im Wort Motivation steckt das lateinische Wort „movere" (=bewegen) und das Wort „Motiv". Das Motiv ist der Grund, sich zu bewegen. Motivation ist also der Antrieb für Verhalten. Leader „brennen" für das, was sie erreichen wollen. Eine solche Leidenschaft beflügelt und reißt, im Falle einer motivierten Führungskraft, auch das Umfeld mit – das innere Feuer sorgt für Funkenflug, entzündet weitere Feuer. Nur wer selbst motiviert ist, kann auch andere zur Aufgabenerfüllung motivieren. Der ehemalige Nationaltorhüter Oliver Kahn sagt dazu: „Motivation ist das, was das Feuer in Euch am Brennen hält. Und wie bei einem echten Feuer muss man auch bei der Motivation darauf achten, dass man regelmäßig nachlegt, damit dir die Glut nicht erlischt." (O. Kahn. Du packst es! Wie du schaffst, was du willst. 2010). Der ehemalige, sehr erfolgreiche Skispringer Sven Hannawald verrät, wie er sein Feuer am Brennen hielt: „Mein Ziel war nicht Weltmeister oder Olympiasieger, sondern mein Ziel war immer der perfekte Sprung – das hat mich länger motiviert." (Tigers Career Day. Uni Tübingen. Juli 2014).

XING-Gründer Lars Hinrichs bringt es wie folgt auf den Punkt: „Ich bin besonders gut, wenn ich Dinge tue, die ich liebe." (Marion Klimmer. So coachen sich die Besten: Persönliche Höchstleistungen erzielen. 2012. S.123) Highperformer müssen nicht motiviert werden – sie sind es.

Motivation hilft auf steinigen Pfaden

Motivation ist die momentane Sicht des Menschen auf ein Handlungsziel. Er empfindet einen Drang, etwas zu erreichen und ist bereit, dafür Energie aufzuwenden, häufig mit Freude, aber manchmal – bei unliebsamen Pflichten – auch nur mit Aufwand. Doch es fällt ihm dank seiner Motivation leichter, unangenehme Dinge auf dem Weg zum Ziel zu erledigen, weil er davon überzeugt ist, dass sie ihm helfen, das zu erreichen, was er erreichen will. Seine Motivation trägt ihn sozusagen auch über den steinigen Teil des Weges zum Ziel.

Intrinsische und extrinsische Motivation

„Der Begriff intrinsische Motivation bezeichnet das Bestreben, etwas um seiner selbst willen zu tun (weil es einfach Spaß macht, Interessen befriedigt oder eine Herausforderung darstellt)." (www.wikipedia.org/wiki/Motivation)

Die Motivation, die von innen kommt (intrinsisch), ist die Leidenschaft für eine Sache. Je höher die intrinsische Motivation z.B. bei Mitarbeitern ist, desto mehr begeistern sie sich für ihre Aufgabe. Die extrinsische Motivation wird hingegen von der Umwelt erzeugt. Man bekommt etwas als Lohn für seine Leistung. Treibende Kraft sind hier Prämien, Privilegien, Status oder Anerkennung durch andere. Tritt allerdings der Effekt der Gewöhnung ein, gehen die Anstrengungen und damit auch die Motivation zurück.

„Die Motivation, die von innen kommt, ist eine Leidenschaft für eine Sache. Die Motivation, die von außen kommt, ist die Wertschätzung anderer Menschen für das, was man tut, und die Aussicht auf eine gute Zukunft. Beide Arten der Motivation sind wichtig, weil sie sich gegenseitig anstecken können", sagt Ex-Nationaltorhüter Oliver Kahn (O. Kahn. Du packst es! Wie du schaffst, was du willst. 2010. S. 112).

Ein Beispiel aus dem Sport: Natürlich trainieren die Spieler der Fußball-Nationalmannschaft, um unter den Weltbesten zu sein und zu bleiben; es geht ums Gewinnen und um lukrative Werbeverträge und so weiter. Das sind alles äußere Anreize. Aber jeder Spieler braucht für sich einen starken inneren Antrieb, diesem harten Sport nachzugehen, ihn bis an die Grenzen der körperlichen Leistungsfähigkeit auszuüben und immer sein Bestes zu geben.

„Es ist nicht schwer, sich zu motivieren, wenn es gut läuft. Die Kunst besteht darin, die Motivation auch in den Momenten nicht zu verlieren, wenn man mit einem Rückschlag zu kämpfen hat."
(O. Kahn. Du packst es! Wie du schaffst, was du willst. 2010. S.116)

Steigern der inneren Motivation – Selbstcoaching:

Was sind Ihre fünf wichtigsten Motivatoren, Ziel X zu erreichen? (Beispiel Marathontraining: das tolle Gefühl nach jedem Lauf, die Beschäftigung mit meiner Ernährung, die gute Stimmung in der Lauf-Gruppe, meine sehnigen Beinmuskeln, der positive Effekt des Trainings auf meinen Schlaf)
Welches sind Ihre guten Gründe? (z.B. Bericht heute Abend schreiben: Ich habe dann Zeit für den Krimi später, kann morgen früh eine halbe Stunde länger schlafen, ich schlafe ruhigen Gewissens, komme einen Schritt weiter mit meiner Arbeit, bin die nächsten Wochen befreit vom Berichtschreiben, …)
Beleuchten Sie die positiven Seiten der Aufgabe/des Ziels:
Was macht es für mich attraktiv, interessant, wichtig, sinnvoll?
Wie habe ich mich in der Vergangenheit immer wieder motiviert?
Wie fühlt es sich an, wenn ich am Ziel bin?
Welche Kraftquellen habe ich?

Die Eigenmotivation zu stärken, gelingt vor allem durch das Verfolgen eigener (und nicht fremder) Ziele. Das ist nicht immer möglich, etwa im Job, kann aber durch ein großes Maß an Eigeninitiative, Identifikation mit den Aufgaben, Freude am Job und Mit-Verantwortung ausgeglichen werden. Gönnen Sie sich Auszeiten und Ruhe, um wieder motiviert an die Arbeit zu gehen. Tragen Sie Meinungen und Einstellungen von anderen sowie einschränkende Glaubenssätze ins „Museum".

Andere motivieren

Im Sport ist es normal, dass der Trainer oder Coach den Athleten durch gut dosierte und bewusst platzierte äußere Anreize unterstützt, wenn ein Motivationsloch droht und klar wird, dass die innere Motivation des Sportlers nicht ausreicht. Zum Beispiel ein abwechslungsreiches Training, eine angenehme und moderne Trainingsumgebung und die individuelle Zuwendung zu den Sportlern – der eine braucht Zuspruch, der andere mehr Herausforderung, neue Denkanstöße, ein anderer braucht nur die aufmunternde, aufbauende Hand auf der Schulter zu spüren. Genau dasselbe gilt für die Arbeitswelt.

Spaß als Erfolgsfaktor

Freude und Begeisterung ist das Mittel, das den Motor der Motivation antreibt – wie Holzscheite, die das Feuer in Gang halten. Wenn wir begeistert sind, lernen wir leichter Neues, sind eher bereit für Herausforderungen. Ohne Spaß an den Aufgaben bringt niemand Höchstleistung. Wer Begeisterung schaffen will, muss als Führungspersönlichkeit selbst mit Leidenschaft dabei sein. Viele Chefs unterschätzen, wie stark ihre eigene Einstellung die Performance ihrer Mitarbeiter beeinflusst. Die mentale und emotionale Stärke eines Teams speist sich u. a. aus der Freude an der Tätigkeit, an gemeinsamen Erfolgen, an dem Spaß miteinander. Wer Freude an einer Aufgabe hat, beherrscht sie auch. Studien belegen, dass glückliche Menschen besser funktionieren. Es gibt nachweislich einen Zusammenhang zwischen glücklichen Mitarbeitern und besseren wirtschaftlichen Ergebnissen. Chefs, die meinen, dass sie ihre Mitarbeiter nicht dafür bezahlen, Spaß im Job zu haben, haben den Nutzen daraus noch nicht erkannt.

Ziele erreichen

Machen Sie es wie die Spitzensportler – setzen Sie sich Ziele, was Sie für sich im Leben (privat, beruflich, in Ihrer Beziehung, …) erreichen wollen. Suchen Sie sich Bilder oder Zitate, die diese Ziele symbolisieren und kleben sie auf (Zielcollage) oder spielen Sie diese über einen digitalen Bilderrahmen immer wieder gut sichtbar ab.

Die inneren Antreiber – entlarven Sie Ihre Antreiber

Was treibt Sie an? Was ist Ihr Treibstoff, der Sie bewegt? Was motiviert Sie für Projekte? Kennen Sie die Motive, die Sie antreiben? Und auch die „Handbremsen", die Sie nicht vorwärts kommen lassen?

Kennen Sie Ihre Antreiber? Welche Sätze spuken in Ihrem Kopf rum? Zu welchen Handlungen drängen Sie Ihre „inneren Stimmen" – unabhängig davon, ob diese in der konkreten Situation zielführend und effektiv sind oder nicht? Wenn wir unsere Antreiber – als innere Bilder und Vorstellungen sowie typische Handlungsmuster – falsch nutzen, werden Sie zu Handbremsen. Nur wenn Sie wissen, nach welchem Muster Sie agieren, können Sie die Handbremse des Lebens lösen und diese Antreiber zu Ihrem Vorteil nutzen.

„Da unsere Handlungen von unserer Motivation gesteuert werden, sollten wir versuchen, diese zu kontrollieren."
Dalai Lama

Streng dich immer an!

Sei immer perfekt!

Entdecken Sie Ihre inneren Antreiber

Kerstin Diacont

Mach es immer allen recht!　　Sei stark!　　Mach immer schnell!

Ein Modell dafür ist das sogenannte „Antreiber-Konzept", das auf den Arbeiten nach Kahler bzw. Eric Berne basiert.

Antreiber können sein:
» Sei stark!
» Streng Dich an!
» Mach es allen recht!
» Sei schnell!
» Sei perfekt!

Bereits der Name dieser Antreiber und Hauptmotivationsfaktoren sagt aus, welche innere Einstellung diese Menschen antreibt. Sind Antreiber extrem ausgeprägt, wirken Sie sich manchmal hinderlich aus.

Entmachtung des inneren Antreibers
Unsere Antreiber enthalten immer eine Warnung oder ein Verbot und brauchen deshalb eine Gegenkraft, einen inneren „Erlauber". Das sind förderliche Gedanken unter Berücksichtigung der Hinweise und des Kerns des Antreibers.

Einige Beispiele:

Sei stark!	Ich darf Hilfe annehmen und vertrauen. Ich darf Schwäche zeigen. Ich bin offen.
Streng Dich an!	Dinge dürfen mir leicht fallen. Ich darf den einfacheren Weg gehen.
Mach es allen recht!	Ich nehme Raum für mich. Ich folge meinen eigenen Zielen.
Sei schnell!	Ich darf mir Zeit nehmen. Manchmal ist es besser, eine Nach drüber zu schlafen.
Sei perfekt!	Ich darf Fehler machen. Aus Fehlern lerne ich. Ich bin wertvoll

„Erlauber" sollten immer positiv formuliert sein und oft wiederholt werden. Neben Ihren eigenen Antreibern ist es für eine Führungskraft auch wichtig, die Antreiber der Mitarbeiter zu kennen und zu berücksichtigen. Wenn Sie Ihren Mitarbeitern die „Erlauber" zu ihren individuellen Antreibern signalisieren, verhindern Sie Überforderung und Stress. Erlauben Sie Fehler und stellen durch konstruktives Feedback sicher, dass diese nicht mehrmals gemacht werden.

Nehmen Sie Ihre Mitarbeiter ernst und hören Sie zu, nicht nur hin. Mit einer offenen und aktiven Kommunikation unterstützen Sie die Selbstmotivation. Nichts wirkt demotivierender als Ignoranz – denken Sie an die Motivationsquellen Wertschätzung und Anerkennung.

Fazit

Erfolgreiches Führen beginnt bei sich selbst. Mit eigener mentaler und emotionaler Stärke können Sie als Führungskraft Ihrer Vorbildfunktion gerecht werden und in Ihren Mitarbeitern Freude, Engagement und Motivation entfachen. Ihre persönlichen Werte und Ziele, Ihre Einstellung und Ihr Verhalten sowie Ihre Ausgeglichenheit sorgen für Wohlbefinden, langfristige Gesunderhaltung und Leistung am Arbeitsplatz. Denn: Die Forschung bestätigt längst, dass Führungskräfte und Manager zentralen Einfluss haben auf die Belastungssituation ihrer Mitarbeiter und auf deren Wohlbefinden und Gesundheit am Arbeitsplatz.

Ich möchte dem hinzufügen, dass dieses Thema keinesfalls nur in die Hände der Führungskräfte und Chefs gehört, sondern in die eines jeden Einzelnen.

Für Gesundes Führen und Gesundheit in Unternehmen gilt: Kurzfristiges Bemühen und Versuchen wird zu keinem befriedigenden Ergebnis führen. Gesunde Führung sollte in jedem Unternehmen mit der firmeneigenen HR Philosophie verschmelzen. Führungskräfte brauchen hierfür von oben jegliche Unterstützung, Möglichkeiten zur Weiterbildung und Zeit und Geduld zur Umsetzung müssen bereit stehen.

Ich hoffe, ich konnte Ihnen Mut machen und Anregungen geben. Ich wünsche Ihnen von Herzen viel Erfolg, Lebensfreude und Gesundheit!

Ihre Antje Heimsoeth

Antje Heimsoeth
Mental Coach und Keynote-Speaker mit Olympiafaktor:
Go for Gold – Siegen beginnt im Kopf.
Ausgezeichnet als „Vortragsrednerin des Jahres 2014".
Weltweit tätig.

Verwendete Literatur

» Univ.-Prof. Dr. med. Joachim Bauer (2014). Vortrag Das Glück und die Hirnforschung – Glücksquelle Mitmensch: Eine neurowissenschaftliche Perspektive. Kongress Positive Psychologie, Berlin
» Hrsg. Peter H. Buchenau (2014). Antje Heimsoeth in Chefsache Prävention I. Springer Fachmedien, Wiesbaden
» Peter Drucker (1999). Managing Oneself, in: Best of Harvard Business Review (online verfügbar)
» Hans Eberspächer (2007). Mentales Training – Das Handbuch für Trainer und Sportler. Copress Verlag, München

» Hrsg. Suzanne Grieger-Langer (2014). Antje Heimsoeth in Die 7 Säulen der Macht reloaded 2: 7 Speaker – 7 Schlüssel zum Erfolg. Profiler's Publishing, Bielefeld

» Donald O. Hebb (1949). The organization of behavior. A neuropsychological theory. Wiley, New York

» Antje Heimsoeth (2012). Golf Mental – Pockettraining. pietsch, Stuttgart

» Antje Heimsoeth (2013). Mein Kind kann's: Mentaltraining für Schule, Sport und Freizeit. pietsch, Stuttgart

» Gerald Hüther (2004). Die Macht der inneren Bilder. Vandenhoeck & Ruprecht, Göttingen

» Franz Hütter (2012). Workshop „Neurobiologie für Trainer & Coaches"

» Oliver Kahn (2010). Du packst es! Wie Du schaffst, was Du willst. Pendo, München

» Marion Klimmer (2012). So coachen sich die Besten: Persönliche Höchstleistungen erzielen. Redline Verlag, München.

» Peter Laudenbach (2008). Der tödliche Cocktail. brand eins, 09/2008

» Dr. James Loehr (2001). Die neue mentale Stärke. BLV Verlagsgesellschaft mbH, München

» Helmut E. Lück (2001). Kurt Lewin. Eine Einführung in sein Werk. Beltz Verlag, Weinheim/Basel

» German Quernheim (2010). Nicht ärgern – ändern! Raus aus dem Burnout. Springer-Verlag, Berlin, Heidelberg

» Klaus Rempe (1994). Positives Mental-Training im Führungsalltag. Deutscher Sparkassenverlag, Stuttgart

» Lance Secretan (2006). Inspirieren statt motivieren. Kamphausen Verlagsgruppe, Bielefeld

» Manfred Spitzer (2002). Lernen – Gehirnforschung und die Schule des Lebens. Spektrum, Heidelberg / Berlin

» Reto Venzl (1993). Stress-Bewältigung. Forum der PAX-Versicherungen, Nr. 3, 4-9.

» Reto Venzl (1993). Mentale Stärke, Teamführung, Coaching. NKES, Bern

» Max Weber (5. Auflage, 2002). Wirtschaft und Gesellschaft. Mohr Siebeck Verlag, Tübingen

» Thomas Zerlauth (2000). Sport im State of Excellence: Mit NLP und mentalen Techniken zu sportlichen Höchstleistungen. Junfernmann, Paderborn

» Ergebnisse von finnischen Längsschnittstudien (1981-1992) nach: Ilmarinen und Tempel, 2002: 249

Theo Prinz

Führung 4.0

„Führung 4.0" ist das Schlagwort für eine neue Art der Führung, die schnell reagiert, flexibel agiert und voll auf die Denke des Internetzeitalters ausgelegt ist. Sie die Voraussetzung für eine neue Art von Unternehmen, die sich ganz eng an den Markt binden und die Bedürfnisse der Kunden zu jeder Zeit voll im Blick haben.

In diesem Beitrag erfahren Sie, wie Führungskräfte sich auf diese Anforderungen einstellen können. Sie lernen die Grundtechniken zu einem besseren Verständnis der Persönlichkeit kennen und erfahren, wie Sie dynamisch führen und so durch permanentes Feedback den Menschen im Unternehmen bei ihrer Persönlichkeitsentwicklung beistehen können.

Theo Prinz ist seit nunmehr fast 20 Jahren als Unternehmer und Investor selbständig und führt eine Unternehmensgruppe, zu der mehrere hochspezialisierte Gesellschaften gehören. Als „Seriengründer" hat er viele Unternehmen oft aus persönlichen Interessen heraus gegründet, aufgebaut und teilweise mit großem finanziellen Erfolg verkauft. Andere haben sich in ihren Branchen in den letzten Jahren zu den Branchenführern entwickelt und durch Zukauf und eigenem Wachstum etabliert.

Seine Erfahrungen und Kenntnisse im Management und in der Findung außergewöhnlicher Unternehmensstrategien stellt er seit mehreren Jahren erfolgreich auch anderen Unternehmen zur Verfügung und engagiert sich genauso als Mentor für Existenzgründer, wie auch als Berater für etablierte DAX-Unternehmen.

» Wirklich selbständig? Ein Abwehrbuch
ISBN 9783981685305
Theo Prinz spricht klare Worte und zeigt klar auf, welche Voraussetzungen für die Person des Gründers gelten müssen, damit die Selbständigkeit erfolgreich wird.

» Faszination Business – Mit Spaß und Leidenschaft zum Erfolg
ISBN 9783981685312
Theo Prinz zeigt in diesem Buch, wie Sie es schaffen, Ihr Unternehmen zu einem Ort zu machen, an dem man sich gerne aufhält, bei dem Wertschätzung und Leistung selbstverständlich sind und der attraktiv ist, für die Leistungsträger und High-Potentials künftiger Generationen.

» Mein Produkt bin ich – ein Hörbuch für Freiberufler und Experten

Dieses Hörbuch vermittelt Ihnen anschaulich und praxisnah, wie Sie ein konsequentes vor dem Hintergrund Ihrer Individualität, Ihrer persönlichen Stärken und Werte ein Selbstmarketingkonzept entwickeln und sich als Marke etablieren können.

Woran erkennen Sie persönlich, dass Sie eine gute Führungskraft sind?
In erster Linie am Feedback meiner Mitarbeiter und am Erfolg des Unternehmens. Meine Mitarbeiter arbeiten weitgehend selbständig und genießen die großen Freiheiten, die sie in meinen Unternehmen haben.

Und ich finde es toll, zu sehen, was entstehen kann, wenn eine Atmosphäre des Vertrauens und der Wertschätzung in beide Richtungen wirklich gelebt wird.

Was sind für Sie die wichtigsten Bestandteile guter Führung?
Es sind vier Aspekte, die gute Führung ausmachen:
1. Lernen Sie Ihre Mitarbeiter wirklich kennen, Nehmen Sie sich die Zeit, die Persönlichkeit der Menschen im Unternehmen zu erkennen, anzunehmen und zu entwickeln.
2. Etablieren Sie unmittelbares Feedback in allen Bereichen und nutzen Sie dynamische und schnelle Kommunikationstools wie WhatsApp und Co.
3. Räumen Sie im Umgang mit den Menschen der Wertschätzung höchste Priorität ein.
4. Geben Sie den Menschen im Unternehmen die Möglichkeit, Erfahrungen zu sammeln und Fehlern zu machen.

Wie haben Sie zu Ihrem unverwechselbaren Führungsstil gefunden?
Einer meiner höchsten Werte ist der Wunsch nach persönlicher Freiheit – für mich selbst und für Andere. Ich kenne meine Stärken und auch meine Schwächen und arbeite gerne mit Menschen zusammen, die da ihre Stärken haben, wo ich meine Schwächen habe. Und umgekehrt. Aus dieser Einstellung heraus habe ich im Laufe der Jahre einen Führungsstil entwickelt, den ich „dynamische Führung" nenne.

Und das ist genau die Art der Führung, die für Unternehmen des Internetzeitalters notwendig ist und die die Leistungsträger der Generation Y fast magisch anzieht.

Welchen Stellenwert haben die Themen Soft Skills und emotionale Intelligenz in Ihrem Führungsstil?
Einen hohen! Die ihr anvertrauten Menschen zu verstehen, auf ihre Gefühle und Ängste einzugehen und sie ernst zu nehmen, das ist eine der wichtigsten Aufgaben der Führungskräfte.

Eine gute Mischung aus Empathie und guten Tools zur Persönlichkeits-diagnostig und –entwicklung, das ist der „Werkzeugkasten" der Führungskraft von morgen.

Wie viel menschliche Nähe ist zwischen Führungskraft und Mitarbeitern möglich, wie viel Distanz nötig?
Ich denke, das ist abhängig von den Menschen, die es im Einzelfall betrifft und von der Sympathie oder Antipathie zwischen ihnen. Ich glaube, dass hier feste Regelungen zu kurz greifen.

Gute Führungskräfte können mit sowohl mit Nähe, wie auch mit Distanz um-gehen und stellen sich auf ihr Gegenüber ein.

Ich selbst genieße es, mit meinen Kollegen zusammen zu sein, wenn es unge-zwungen und entspannt zugeht. Deshalb machen wir auch viele private Events. Aber das geht immer nur auf freiwilliger Basis und das ist auch gut so.

Wie lautet Ihr ultimativer Führungstipp?
„Du bist einmalig, und das ist gut so. Probiere und experimentiere und erkenne Deine Schwächen und vor allen Dingen Deine Stärken. Manage Deine Schwä-chen, aber konzentriere Dich vor allem auf Deine Talente und Stärken, baue sie kontinuierlich aus, kombiniere sie mit Spaß und Leidenschaft und feiere Deine Erfolge."

Diesen Leitspruch beherzige nicht nur für Dich selbst, sondern sieh ihn auch als Angebot für Deine Mitarbeiter: Spaß und Leidenschaft, sowie das Arbeiten an den eigenen Stärken, das sind die Eckpfeiler des Erfolgs – beruflich wie privat.

Führung 4.0 – Persönlichkeit im Mittelpunkt der Führung

„Wann lernen wir endlich, dass die einzig Konstante im Unternehmen der stetige Wandel ist?"

„Führung 4.0" ist das Schlagwort für eine neue Art der Führung, die schnell reagiert, flexibel agiert und voll auf die Denke des Internetzeitalters ausgelegt ist. Sie die Voraussetzung für eine neue Art von Unternehmen, die sich ganz eng an den Markt binden und die Bedürfnisse der Kunden zu jeder Zeit voll im Blick haben: Die Unternehmen der Industrie 4.0.

Der Begriff Industrie 4.0 beschreibt die Entwicklung in der vierten industriellen Revolution. Er wurde 2012 anlässlich einer Fachtagung des Bundesministeriums für Forschung und Bildung geprägt und *zeigt eine mögliche Zukunft der industriellen Produktion aus der Perspektive des Jahres 2025 und blickt zurück auf die Vergangenheit des Jahres 2012. Indem [das Zukunftsbild] relevante Entwicklungen und Konsequenzen für die Unternehmen und ihre Mitarbeiter anhand konkreter Anwendungsszenarien beschreibt, bietet es eine Grundlage für die breite fachliche und gesellschaftliche Diskussion* [1]*."*

Kernelement der Industrie 4.0 ist dabei die vernetzte „Smart Factory" mit ihrer modernen und hochflexiblen Produktion, in der sich vom Kunden ausgelöste Aufträge durch die gesamte Wertschöpfungskette von der Bestellung des erforderlichen Rohmaterials über die Reservation der Bearbeitungsmaschinen, Montagekapazitäten, Lagerhallen und erforderlichen Logistikleistung bis hin zur Qualitätskontrolle und Auslieferung selbst steuern.

Das sind die Rahmenbedingungen, in denen sich Unternehmen heute Tag für Tag behaupten müssen. Und diese Rahmenbedingungen haben sich geändert, drastisch und nicht mehr rückgängig zu machen. Insofern kann durchaus mit Recht von einer „Revolution" gesprochen werden.

Wir leben in einer Welt, die global auf's Engste vernetzt ist und in der die Wertschöpfungsketten direkt durch den Kunden gesteuert werden und so flexibel

[1] *Zukunftsbild „Industrie 4.0", Bundesministerium für Bildung und Forschung, http://www.bmbf.de/pubRD/ Zukunftsbild_Industrie_40.pdf*

sein müssen, dass sie unmittelbar auf die geänderten Anforderungen des Kunden reagieren können. Der Zeitgeist muss jederzeit erfassbar gemacht werden und unmittelbar in Form von Entscheidungen im Unternehmen umgesetzt werden. Und dabei kann jeder Akteur, jedes Unternehmen, jeder einzelne Mensch, jederzeit transparent gemacht werden und muss unter den Argusaugen der Öffentlichkeit bestehen. Wir haben uns daran gewöhnt, dass Produkte beurteilt werden und kaufen bei Amazon oder eBay nur noch Produkte und Dienstleistungen, für die positive Erfahrungsberichte vorliegen. Unternehmen werden ebenfalls beurteilt und stehen bei kununu.de oder anderen Unternehmensbewertungsplattformen im Zentrum der Öffentlichkeit, und das, ohne über Werbung, Marketing oder sonstige Aktionen aktiv Einfluss nehmen zu können.

Und genau wie Verbraucher die Bewertungen bei EBay oder Amazon lesen, lesen Bewerber die Bewertungen der Unternehmen bei kununu.de, bevor sie sich bei einem Unternehmen bewerben. Aber nicht nur ganze Unternehmen stehen auf dem Prüfstand der Öffentlichkeit, sondern auch einzelne Führungskräfte und Chefs. Bei www.meinchef.de können Mitarbeiter die Führungsqualitäten der einzelnen Führungskraft beurteilen und die „Übeltäter" sogar beim Namen nennen.

Doch nicht nur die Sichtbarkeit, die Transparenz der Prozesse und Personen hat drastisch zugenommen, sondern auch die Anzahl der Varianten an Produkten und Prozessen. Fast jedes Unternehmen kann heute seine Produkte weltweit anbieten und Leistungen rund um den Globus einkaufen – schnell und zu jeder Zeit, in jeder gewünschten Qualität und Menge.

Aber nicht nur die Märkte machen den Unternehmen zu schaffen, die Bevölkerungsentwicklung tut ihr Übriges: Bedenkt man, dass viel mehr Menschen in den nächsten Jahren in den Altersruhestand ausscheiden, als junge Menschen nachrücken, wird klar, dass die Unternehmen in Deutschland klare Strategien brauchen, wie sie Mitarbeiter finden und halten können.

Viele haben schon jetzt das Problem, dass mit ausscheidenden Mitarbeitern auch wertvolles Knowhow verloren geht und dass die neuen Mitarbeiter, wenn sie denn überhaupt gefunden werden, sich nicht mehr so langfristig an das Unternehmen binden – ein Trend, der sich meiner Meinung nach in den nächsten Jahren noch weiter verstärken wird.

Daher werden sich die Unternehmen auf eine von drei möglichen Strategien festlegen müssen:

Smooth companies sind solche, die sich damit abgefunden haben, dass ein großer Teil der Belegschaft ständig wechselt oder nur temporär, für einzelne Projekte, gebraucht wird. Wir kennen diese Arbeitsform auch heute schon von Filmteams oder bei größeren Ingenieurprojekten. Smooth companies werden daher IT-Möglichkeiten stark nutzen, um ihr Knowhow zu speichern: Wissensdatenbanken, Knowledgebase-Systeme und Wikipedia im Intranet sind hier die Schlagworte. Sie werden zudem umfangreiche Kompetenz darin erwerben, Arbeitnehmer kurzfristig zu akquirieren und auch wieder freizusetzen, werden außerordentlich gut bezahlen und auch in Zeiten ohne Projekte die lockerer Verbindung mit den Freelancer oder Job-Hoppern halten.

Chain companies verfolgen die Strategie, ihre Mitarbeiter mit Sozialleistungen, AddOns und guten Gehältern langfristig an sich zu binden. Sie werden auch caring companies benannt, da sie sich um die Mitarbeiter „kümmern" und viele Bereiche des privaten Lebens „einfacher machen". Sie stellen unternehmenseigene KITA`s oder Hausaufgabenbetreuung für Kinder, sowie Pflegedienste für Angehörige zur Verfügung und sichern das private Leben der Arbeitnehmer durch Renten- und Krankenversicherungen ab. Sie bieten Freizeit- und Sportangebote und machen sich so zum zentralen Ansprechpartner für alle beruflichen und privaten Belange. Gerne unterstützen sie, dass auch Familienangehörige und Partner beim Unternehmen beschäftigt sind und binden so ganze Familien an sich.

Als dritte Kategorie werden sich **passion companies** etablieren. Sie brauchen keine besonderen Leistungen und zahlen unter Umständen auch keine Top-Gehälter, da das Unternehmen und wofür es steht einen starken Anziehungseffekt hat und ein eigenes Lebensgefühl vermittelt. Solche Unternehmen leben ihre Werte kompromisslos und werfen alte Businesstraditionen komplett über Bord. Hierzu zählen heute Unternehmen wie Google, Apple oder viele Startups wie Valve oder Wooga. Die Mitarbeiter werden oft am Unternehmenserfolg beteiligt und sind mit Herz bei der Sache. Sie bringen sich außergewöhnlich stark ein und identifizieren sich mit den Werten des Unternehmens stark.

Unternehmen, die zu den Gewinnern der nächsten Jahre gehören wollen, brauchen eine klare Vision davon, in welche dieser drei Kategorien das Unternehmen am besten passt und welche Techniken und Strategien sie demzufolge in den nächsten Jahren entwickeln sollten.

All diesen Anforderungen müssen sich Unternehmen heute stellen, denn sie stellen die Gewähr für das Überleben in der Zukunft dar. Und diese Bedingungen stellen auch die Führungskräfte im Unternehmen vor einer großen Herausforderung, denn sie werden komplett umdenken müssen. Die Führungskräfte von morgen brauchen den Blick für das Besondere bei jedem einzelnen Mitarbeiter. Führung muss dynamischer werden, ständig am Ball bleiben und Veränderungen jeglicher Art schnell aufspüren. Permanentes Feedback und unmittelbares Nachregulieren werden zur Regel für alle betrieblichen Prozesse.

Führung 1.. 2.. 3..

In der Vergangenheit war die Komplexität im Unternehmen noch relativ gering: Produktionsverfahren, Produktvarianten und Märkte waren überschaubar und relativ stabil. Die Kunden waren bei Weiten nicht so gut informiert wie heute und die Anzahl der Produkte war gering.

In dieser Zeit war das Wissen noch überschaubar und für die Führungskräfte die „Fachkompetenz" die wichtigste Qualifikation. Wer gut fachlich ausgebildet war, hatte die Macht. „Der Chef trägt die Verantwortung und bestimmt, wer was wann und wie zu tun hat", das war die Maxime. Die Mitarbeiter hatten lediglich die Anweisungen des Chefs auszuführen und zu funktionieren. In dieser Zeit erlebte die Fließbandfertigung ihre Hochkultur und Prozesse wurden so umfangreich beschreiben, dass die Menschen, die diese Prozesse ausführten, austauschbar waren.

Dieser Umstand sorgte wiederum dafür, dass die Führungskräfte eine sehr starke Macht über die Mitarbeiter bekamen. Begründet wurde diese Macht ausschließlich jedoch darauf, dass sie als Vertreter des Unternehmens darüber entscheiden konnten, unter welchen Rahmenbedingung die Mitarbeiter arbeiten mussten, was sie verdienten oder ob sie überhaupt Arbeit hatten. Führungskräfte lebten also von „geliehener Macht", und erlangten Bedeutung nicht aufgrund Ihrer Fähigkeiten oder ihrer Persönlichkeit, sondern ausschließlich aufgrund der Position im Unternehmen.

Führung wurde im Wesentlichen verstanden als die Aufgabe zur Organisation der betrieblichen Prozesse und als Instrument, um die Ziele des Unternehmens durchzusetzen. Als Vorbild für Führungsmodelle wurde oft das Militär gewählt und als herausragende Eigenschaften der Mitarbeiter Disziplin und Gehorsam gefordert.

Aber auch Führungskräfte hatten oft nicht selbst zu denken, sondern nur die Vorgaben der Unternehmensleitung im Sinne des Unternehmens durchzusetzen. Sie hatten klare Anweisungen zu geben und darauf zu achten, dass diese befolgt wurden. Diese Denke hatte sich über die Jahrhunderte gefestigt und war ein Abbild der Gesellschaftsstrukturen über mehrere hundert Jahre lang.

Heute geht es für die Mitarbeiter nicht mehr um Gehorsam und das strikte Abarbeiten von Aufgaben, sondern darum, eine gegebene Aufgabenstellung selbständig zu erarbeiten, Lösungskompetenzen und Fähigkeiten zu entwickeln, die der Lösung der Aufgabenstellung dienlich sind und sich permanent an die Anforderungen der sich ständig ändernden Aufgaben anzupassen.

Das Wissen ist zu komplex geworden und zu umfangreich, um es über einige wenige, gut ausgebildete Personen im Unternehmen zu verbreiten sondern steht heute jedermann in vielfältiger Form zur Verfügung. Ein Klick bei google. de oder youtube.de liefert oft viel mehr Wissen, als man in kurzer Zeit sinnvoll verarbeiten kann. Studien zeigen: „Noch vor zehn Jahren hat es fünf bis sieben Jahre gedauert, bis sich das Wissen der Welt verdoppelt hat [2]". Heute (2014) reichen rund 700 Tage. Und in wenigen Jahren oder Monaten wird sich der Zeitraum drastisch weiter verkürzt haben.

Vor diesem Hintergrund sind andere Qualitäten der Führungskräfte gefragt: Sie liefern nicht mehr das Wissen und strukturieren es, sondern beraten und unterstützen die Mitarbeiter bei der Beschaffung und Anwendung des Wissens. Sie greifen dabei auf das Können und die Erfahrung des gesamten Teams zurück und können jederzeit Ressourcen aus der ganzen Welt über das Internet beschaffen, die die Kompetenzen des Teams bei Bedarf erweitern.

Somit wird Coaching zum neuen Führungsstil erhoben und Führungskräfte bemühen sich um die Erlangung von Coachingkompetenzen. Ihre Aufgaben ist es, sicherzustellen, dass das Personal schnell auf geänderte Rahmenbedingung reagieren kann, gut ausgebildet ist und eine hohe Loyalität zum Unternehmen entwickelt. Darüber hinaus werden sie bei der Schaffung von Netzwerken mitarbeiten und haben den Fluss der Informationen im Unternehmen sicherzustellen.

[2] http://www.ibusiness.de/aktuell/db/059945jg.html

1999 entwarf Bill Gates im Rahmen eines Vortrags das Bild eines Unternehmens als lebender Organismus, in dem Informationen frei fließen und im Austausch mit der Welt stehen. Er meint, dass Unternehmen über eine Art digitales Nervensystem verfügen müssten, das sie in die Lange versetzt, schnell auf sich ändernde Umstände zu reagieren. Die Aufgaben der Führungskräfte bestehen dann nicht mehr darin, Informationen zu beschaffen, sondern sie zu bewerten und zu entscheiden, welche Information für das Unternehmen relevant sind und welche nicht. Diese Vision wurde zwar bis heute nicht flächendeckend umgesetzt, wird aber mit Sicherheit in der nahen Zukunft Realität werden.

Er glaubt, dass diese Informationen von kleinen, schlagkräftigen Teams bewertet werden, die sich situativ zusammenfinden und die erforderlichen Maßnahmen treffen und überwachen. Diese Teams verwalten sich quasi selbst und müssen ihrerseits wieder über entsprechende Coachingkompetenzen verfügen. Nur so ist ein Wachstum über bestimmte Grenzen hinaus möglich und die ständig steigende Informationsflut und Komplexität in den Griff zu halten. Die Kontrolle wird dabei in den Hintergrund treten, weil sie schlichtweg nicht mehr zu leisten ist. Unternehmen sind darauf angewiesen, ihren Mitarbeiten künftig zu vertrauen und werden daher bei der Auswahl der Mitarbeiter neue Konzepte finden müssen und mehr Wert auf die persönlichen Kompetenzen legen, als auf die fachlichen. Die Einstellungsfaktoren der Zukunft werden mehr denn je bei den Werten Selbständigkeit, Disziplin, Organisation und Vertrauen liegen.

Für die Führungskraft steht also nicht mehr die fachliche Kompetenz, sondern die soziale Kompetenz im Vordergrund. Von besonderer Bedeutung sind die Persönlichkeit und Glaubwürdigkeit der Führungskraft. Sie agiert als Coach, Mentor und Trainer und unterstützt die Mitarbeiter in ihrer persönlichen Entwicklung und bei der Erledigung der täglichen Aufgabenstellungen. Zudem steht sie als Vorbild da und muss sich jeden Tag an den eigenen Werten und Vorstellungen messen lassen.

Die Mitarbeiter erwarten, dass die Führungskräfte verlässlich sind und vorleben, was sie sagen. Führungskräfte sollten also darauf achten, dass ihr Handeln mit ihren Aussagen und ihren Werten übereinstimmt. Das bedeutet aber nicht, dass sie nicht flexibel sein können, wenn sich ein Plan oder Projekt ändert. Aber es heißt, dass sie im Zweifelsfall ihre neue Entscheidung begründen und erklären sollten, also zu jederzeit nachvollziehbar und berechenbar sind. Gelingt ihnen das nicht, erzeugen sie Angst und Unglaubwürdigkeit bei ihren Mitarbeitern. „Was interessiert mich mein Geschwätz von gestern?", ist eine Devise, die in seltenen Fällen zum Erfolg führt.

Führungskräfte müssen sich über die Ziele des Unternehmens und die daraus resultierenden Entscheidungen im Klaren sein. Gute Führung erfolgt daher immer in Einklang mit dem Unternehmensleitbild, den Zielen und Visionen des Unternehmens.

Die Führungskräfte benötigen zudem alle relevanten Informationen, müssen sie klug abwägen und auf dieser Basis möglichst schnelle und klare Entscheidungen treffen. Eine klare und einfache Kommunikation ist daher von großem Vorteil. Sie sollten Aufgaben so verteilen, dass Ihre Mitarbeiter diese verstehen und halten Meetings nur dann abhalten, wenn sie notwendig sind.

Führung 4.0 / Dynamische Führung
Führung 4.0 ist die Fähigkeit, durch schnelles Feedback und kurze Interaktion die Mitarbeiter im Unternehmen gemäß ihrer Persönlichkeit zu fördern und zu stimulieren. Für die Führungskräfte der Zukunft ist es daher sehr wichtig, Menschen im Unternehmen in ihrer Individualität zu erkennen, sie bei ihrer Entwicklung zu begleiten und in ihren sozialen Strukturen und individuellen Netzwerken als Berater, Coach und Mentor zu Verfügung zu stehen: Partnerschaftlich in einem Umfeld aus Wertschätzung und Vertrauen. Da hier ein dynamischer Ansatz gewählt wird, der permanentes Feedback zur Grundlage hat, benutze ich oft auch den Begriff „dynamische Führung".

Denken wir einige Jahre in die Zukunft und schauen wir auf künftige Unternehmensstrukturen, so erkennen wir, dass die Komplexität und Dynamik weiter ansteigen werden. Gleichzeitig etabliert sich mit den jungen Mitarbeitern eine andere Form der Zusammenarbeit. Grenzen durch den Arbeitsort oder die Arbeitszeit werden immer mehr aufgeweicht und alte Denkstrukturen durchbrochen.

In einigen Unternehmen werden die Abteilungsstrukturen bereits heute aufgelöst und ganz andere Organisationsstrukturen etabliert. Ein Vorreiter dieser neuen Denke ist Valve (www.valve.de), ein Hersteller von Spielesoftware. Das Start-Up-Unternehmen spricht gezielt junge, selbständige und kreative Menschen an und hat auf seiner Internetseite ein Handbuch für neue Mitarbeiter zur Verfügung gestellt, in dem bereits auf der ersten Seite erklärt wird: „A fearless adventure in knowing what to do when no one's there telling you what to do [3]"

Hier erklärt das Unternehmen, dass es über keine Betriebshierarchie im engen Sinne verfügt, sondern alle Entscheidungen in Gruppen oder im Kollektiv getroffen werden:

Hierarchy is great for maintaining predictability and repeatability. It simplifies planning and makes it easier to control a large group of people from the top down, which is why military organizations rely on it so heavily. But when you're an entertainment company that's spent the last decade going out of its way to recruit the most intelligent, innovative, talented people on Earth, telling them to sit at a desk and do what they're told obliterates 99 percent of their value. We want innovators, and that means maintaining an environment where they'll flourish. That's why Valve is flat. It's our shorthand way of saying that we don't have any management, and nobody "reports to" anybody else. We do have a founder/president, but even he isn't your manager. This company is yours to steer—toward opportunities and away from risks. You have the power to green-light projects. You have the power to ship products. A flat structure removes every organizational barrier between your work and the customer enjoying that work. Every company will tell you that "the customer is boss," but here that statement has weight. There's no red tape stopping you from figuring out for yourself what our customers want, and then giving it to them. If you're thinking to yourself, "Wow, that sounds like a lot of responsibility," you're right [4].

Wenn man sich mit Valve weiter beschäftigt, erkennt man, dass man es hier mit einem der leistungsfähigsten Unternehmen der Spielindustrie zu tun hat, das sehr innovative Produkte und Denkmodelle entwickelt hat und dem sicher noch in den nächsten Jahren ein großes Unternehmenswachstum bevorsteht.

An diesem Beispiel erkennt man, dass die Anforderungen an Führung und an die Führungskräfte sich weiter ändern werden: Führung wird sich künftig über Sinn und Werte definieren – und was sinnvoll ist, wird künftig in Teams dezentral entscheiden. Führungskräfte werden vielleicht nur zeitweise berufen oder von den Mitgliedern eines Teams bestimmt. Die Macht einer Führungsperson wird sich künftig nicht mehr aus Ihrer Position im Unternehmen heraus ergeben, sondern vielmehr aufgrund ihrer Anerkennung im Team, ihrer Reputation.

[3] http://media.steampowered.com/apps/valve/Valve_Handbook_LowRes.pdf
[4] VALVE: HANDBOOK FOR NEW EMPLOYEES – Seite 4

Macht kann künftig nicht mehr verliehen werden, sondern muss erworben, verdient werden.

Am Beispiel von Valve erkennt man auch, welchen Stellenwert das Recruiting künftig haben wird. Das Anwerben neuer Mitarbeiter, die Sichtung der Bewerbungen und die Auswahl der Mitarbeiter, bis hin zur Entscheidung, wer bei Valve arbeiten darf und wer nicht, all das liegt in der Hand eines jeden Mitarbeiters der Valve. Recruiting wird zur Basisaufgabe im ganzen Team!

Das bindende Glied dieser neuen Unternehmensstrukturen sind die Werte und Vorstellung ihrer Mitglieder. Organisatorische Rahmenbedingungen werden abgebaut und auf die Eigenverantwortung und Selbstregelung im Team vertraut.

Ähnlich agiert auch der Unternehmer Richard Branson. Gerade in diesen Tagen ließ er verkünden, dass in seinem Kernunternehmen nun jeder Mitarbeiter eigenverantwortlich entscheiden kann, wann und wie viel Urlaub er nimmt. In der Onlineausgabe des Stern ist zu lesen:

Richard Branson entsorgt Urlaubsanträge
28. September 2014, 09:15 Uhr

Der Virgin-Chef Richard Branson erlaubt seinen Mitarbeitern künftig, so viel Urlaub zu nehmen, wie sie möchten und wann sie wollen. Himmlisch ist das allerdings nicht immer. Das klingt ja himmlisch: Einfach mal frei machen. Einen Tag? Eine Woche? Einen Monat? Egal – zumindest wenn man für Virgin arbeitet. Urlaub muss dort künftig nicht mehr beantragt oder genehmigt werden, hat der Unternehmenschef Richard Branson in einem Blog-Eintrag angekündigt.
Was klingt wie ein Traum hat ganz praktische Gründe für Branson: Da in seinem Unternehmen keine ,Nine-to-five'-Politik mehr herrschen würde, brauche man dort auch keine Urlaubspolitik mehr.
Zunächst gilt die Regelung nur für 170 Angestellte aus Bransons eigenem Mitarbeiterstab und der Vermögensverwaltung, schreibt „Spiegel Online". Allerdings könne das Prinzip nach dem Test auch auf weitere Teile ausgeweitet werden.[5]

Der Journalist des Stern scheint ein wenig kritisch: Vielleicht ist die Zeit für so viel Freiheit auch noch nicht reif. Vielleicht entsteht sogar der Druck auf die Mitarbeiter, dass sie aus Angst nun noch weniger Urlaub nehmen, als vorher,

---

[5] *http://www.stern.de/wirtschaft/news/so-viel-freizeit-wie-man-will-richard-branson-entsorgt-urlaubsantraege-2141242.html*

aber die Denke geht aus meiner Sicht in die richtige Richtung: Wo sich moderner Gründergeist, der unbedingte Wille zum Erfolg und der Wunsch, etwas Besonderes zu schaffen breit machen, haben statische Regeln, feste Betriebshierarchien und Top-Down-Machtverhältnisse keinen Platz mehr.

Diese Veränderungen sind an den jungen Menschen, die derzeit in unsere Unternehmen drängen klar zu erkennen: Die Generation Y tickt ganz anders als alle anderen Generationen vor ihr: Eine Generation, die behütet aufgewachsen ist, gleichberechtigt und mitbestimmend mit den Erwachsenen, in einem Elternhaus, das ihnen viele Freiheiten gewährt und sie zu Individualisten erzogen hat. Sie haben schon in der Jugend Begriffe wie Selbstbestimmung, Work-Life-Balance und Ich- Bezogenheit unter Berücksichtigung einer global-gesellschaftlichen Verantwortung verinnerlicht. Sie sind nicht allein mit mehr Geld und schicken Dienstwagen zufrieden, sondern wollen wahrhaft ernst genommen werden und nicht als funktionierendes Rädchen im System, sondern als individueller Leistungsträger, dessen individuelle Stärken wertgeschätzt werden.

Führung ist also keine Disziplin der Betriebswirtschaftslehre mehr sondern stellt vielmehr den Menschen in den Mittelpunkt und vereinbart die relevanten Faktoren der Betriebswirtschaft mit Technologien und Systemen. Im Zusammenhang mit der Mitarbeiterführung wird sie dynamisch und sensibel auf die Menschen eingehen. Die wesentliche Aufgabe der Führungskraft wird es künftig sein, die Persönlichkeit der Mitglieder im Team zu erkennen und in Wertschätzung und Einklang mit den Zielen des Unternehmens zu entwickeln.

Feedback als Führungsinstrument

Dynamische Führung ist das Leadership der Zukunft. Auf jede Aktion eines Mitarbeiters sollte eine unmittelbare Reaktion der Führungskraft folgen – eine Reaktion, die darauf ausgerichtet ist, den Mitarbeiter in seiner Entwicklung zu unterstützen, positiv formuliert und vor allem positiv gemeint. So entsteht Potentialentfaltung in Echtzeit, die die Unterschiedlichkeit der Charaktere und Typen, die individuellen Stärken und Wünsche sowie die persönlichen Bedürfnisse jedes einzelnen Mitarbeiters im Blick hat, ohne dabei die Notwendigkeiten des gesamten Unternehmenssystems aus dem Auge zu verlieren.

Dynamische Führung umfasst dabei die folgenden vier Aspekte, die es zu beachten gilt:

» Die Persönlichkeit der Menschen im Unternehmen erkennen, annehmen und entwickeln.
» Unmittelbares Feedback in allen Bereichen etablieren.
» Im Umgang mit Menschen der Wertschätzung höchste Priorität einräumen.
» Den Menschen im Unternehmen die Möglichkeit geben, Erfahrungen zu sammeln und aus Fehlern zu lernen.

Persönlichkeitsentwicklung als Führungsaufgabe

„Wer andere führen will, muss sich zunächst selbst kennen lernen", nach diesem Grundsatz ist es zunächst von elementarer Bedeutung, dass sich die Führungskraft mit sich selbst beschäftigt und sich Klarheit über die eigene Persönlichkeit verschafft, denn jede Kommunikation erfolgt immer vor dem Hintergrund der eigenen Persönlichkeit und der jeweiligen Beziehungen zwischen dem Sender und Empfänger. Erst dann sollten sie sich mit der Persönlichkeit der anvertrauten Menschen beschäftigen und dabei auf Wertschätzung, Empathie und ein gutes Set an Tools bauen.

Die Beschäftigung mit der Persönlichkeit der Menschen wird die zentrale Führungsaufgabe der Zukunft werden. Deshalb möchte ich an dieser Stelle etwas näher auf die Persönlichkeitsstruktur und ihre Einflussgrößen eingehen. Zur Veranschaulichung habe ich ein Modell entwickelt, das die prägenden Größen als Ringe zeigt, die von innen nach außen in Abhängigkeit ihrer Unveränderlichkeit angeordnet sind:

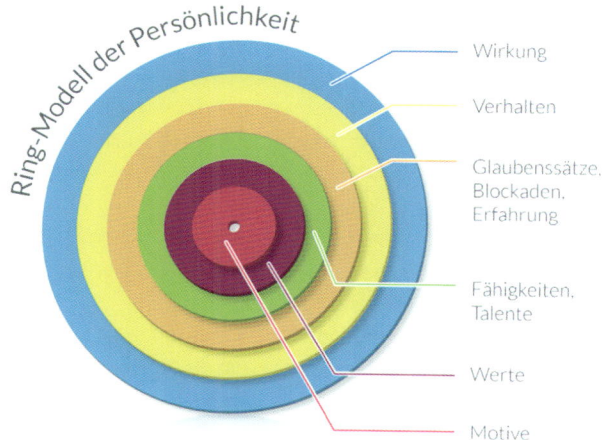

Das Ringmodell dient als Analogie und zeigt die 6 Ebenen, die die Persönlichkeit eines Menschen beeinflussen. Jede äußere Ebene setzt dabei die jeweils innere voraus und baut darauf auf.

Motive

Der innere Kreis zeigt die Motive eines Menschen. Die Motive werden innerhalb der ersten Lebensjahre erworben und teilweise aufgrund von angeborenen Faktoren ausgeprägt. Sie steuern unsere unterbewussten Handlungen und sind daher nur sehr schwer oder gar nicht bewusst änderbar.

Für die Analyse der Motive eines Menschen steht ein Testverfahren zur Verfügung, das von dem amerikanischen Psychologen Prof. Steven Reiss entwickelt wurde. Er geht aufgrund seiner Forschungen davon aus, dass 16 Grundmotive einen jeden Menschen prägen. Sie können dabei in unterschiedlichen Intensitäten ausgeprägt sein. Er entwickelte einen Fragebogen mit 128 Fragen, mit dem sich die individuelle Motivstruktur eines Menschen feststellen lässt und die die folgenden Grundmotive umfasst: Macht, Unabhängigkeit, Neugier, Anerkennung, Ordnung, Sparen/Sammeln, Ehre, Idealismus, Beziehung, Familie, Status, Rache/Kampf, Eros, Körperliche Aktivität und Emotionale Ruhe.

Das Reiss-Profile besteht dabei aus einem Diagramm, dass die Ausprägung aller Motive zeigt und einem Auswertungsbogen über 30 Seiten, in dem die Motive und Motivkombinationen noch einmal näher erklärt sind.
Im Reiss Profil kann jedes Motiv mit einem Balken in der Intensität zwischen -2 und 0 und 0 und +2 abgebildet wird. Der mittlere Bereich beinhaltet dabei die Motive im Bereich zwischen -0,8 und 0,8 und gilt als „ausgewogen" ausgeprägt. Motive, die diesen Bereich jedoch verlassen, werden als überdurchschnittlich bzw. unterdurchschnittlich ausgeprägt angesehen. Eine positive Ausprägung gibt an, dass dieses Motiv die Person stark dominiert. Eine negative Ausprägung zeigt an, das dieses Motiv für diese Person nicht oder nur gering relevant ist. Eine Wertung im Sinne von „gut" oder „schlecht" ist aber nicht vorzunehmen.

Beispiel:
Wenn das Motiv „Ordnung" sehr stark ausgeprägt ist, zeigt dies an, dass der Mensch nach klaren Strukturen strebt. Er ist ordentlich, organisiert und strukturiert. Im Auswertungsbogen heißt es dazu:
Da Ihr Lebensmotiv Ordnung überdurchschnittlich ausgeprägt ist, kann es sein, dass Sie ein großes Bedürfnis nach Ordnung haben und ihr Leben sehr organisiert führen:

Terminpläne machen, „to-do"-Listen schreiben, Pläne entwickeln und so weiter. Menschen mit einem großen Bedürfnis nach Ordnung mögen es nicht, etwas spontan oder flexibel zu tun. Sie bevorzugen Stabilität und Vorhersehbarkeit und glauben, dass Vorbereitung und Planung die Schlüssel zum Erfolg sind. Sie sind pünktlich. Es kann sein, dass sie Präzision und Konsistenz schätzen. Manche ordentlichen Menschen sind Perfektionisten. Menschen mit einem großen Bedürfnis nach Ordnung haben Schwierigkeiten, sich an Änderungen anzupassen. Es kann sein, dass sie denken, dass etwas immer in einer bestimmten Art und Weise getan werden muss oder es nur einen Weg gibt. Wenn Probleme auftauchen, sind sie bestrebt „auf Kurs" zu bleiben. Menschen mit einem großen Bedürfnis nach Ordnung achten oft auf kleinste Details und schätzen Rituale und Routine. Sie werden nervös, wenn sie ihre Routine nicht realisieren oder Dinge nicht so tun können, wie sie es immer tun [6].

Ist das Motiv Ordnung hingegen sehr schwach ausgeprägt, kann sich auch darin ein erhebliches Potential befinden:

Da Ihr Lebensmotiv Ordnung unterdurchschnittlich ausgeprägt ist, kann es sein, dass Sie ein großes Bedürfnis nach Flexibilität haben und es Ihnen widerstrebt, ihr Verhalten an vorbestimmte Ordnungsformen anzupassen: An Regeln, Termine oder sonstige Pläne. Menschen mit einem großen Bedürfnis nach Flexibilität erleben Ordnung als beengend. Es kann sein, dass sie nicht einmal bemerken, wenn ihr Zimmer unordentlich ist oder zuviel benutztes Geschirr im Spülbecken ist. Menschen mit einem großen Bedürfnis nach Flexibilität schätzen Improvisation und Spontanität. Sie erledigen Dinge tendenziell mit minimaler Vorbereitung. Als Geschäftsleute stürzen sie sich gerne in neue Projekte, bei denen sie während der Ausführung lernen, was zu tun ist. Als Sprecher zeigen sie den Hang, einfach anzufangen zu reden, ohne vorher im Detail skizziert zu haben, was sie sagen wollen. Menschen mit einem großen Bedürfnis nach Flexibilität bevorzugen es, sich Optionen so lange wie möglich offen zu halten. Sie mögen keine Pläne [7].

Die Motive drücken nicht nur unsere Persönlichkeit aus, sondern stellen auch eine Art Wahrnehmungsfilter dar. Denn unbewusst gehen wir davon aus, dass unsere Sicht auf die Welt die einzig richtige ist. Menschen mit Motiven, die der eigenen Motivstruktur entgegenstehen, verstehen wir nicht und versuchen, sie von unseren Motiven zu überzeugen. Diese Neigung bezeichnet Steven Reiss als self hugging.

Fazit: Für die Führungskraft ist es wichtig, die eigenen Motive und die Motive der anderen Teammitglieder zu kennen. Aufgrund der individuellen Profile lassen sich nun Einschätzung darüber vornehmen, welche Personen gut

---

[6] *Aus: Auswertungsbogen zum Reiss-Profile – Ordnung hoch*
[7] *Aus: Auswertungsbogen zum Reiss-Profile – Ordnung niedrig*

zueinander passen und welche nicht. Außerdem kann man Strategien der Kommunikation entwickeln, die es ermöglichen, dass Personen mit konträrer Persönlichkeitsstruktur einander dennoch auf Augenhöhe begegnen können und mögliche Konflikte bereits im Vorfeld verhindert werden.

Werte

Auf der zweiten Ebene des Ringmodells sind die Werte angeordnet. Der Begriff „Wert" im Sinne der Persönlichkeitsdiagnostik ist der Neurolinguistischen Programmierung (NLP) entnommen. Unter dem Begriff „Wert" wird im NLP alles zusammengefasst, was Menschen wichtig ist, was Ihnen Bedeutung gibt, was Sie motiviert und was Sie glücklich macht. Werte werden durch die Erziehung in der frühen Kindheit erworben und prägen einen Menschen wesentlich. Anders als Motive unterliegen die Werte eines Menschen einer kontinuierlichen, wenn auch langsamen, Anpassung durch die Erfahrungen im Alltag. Traumatische Erlebnisse können aber auch einschneidende Änderungen der Werte zur Folge haben. Nur wenn die eigenen Werte erfüllt werden, fühlt sich der Mensch glücklich und geborgen und kann sein volles Leistungspotential voll entfalten.

Für die Ermittlung der Werte und der Wertehierarchie stehen im Coaching geeignete Tools zur Verfügung. So kann man beispielsweise eine Wertepyramide aufstellen, die z.B. in Entscheidungsprozessen eine wertvolle Hilfestellung sein kann.

Fazit: Für die Führungskraft ist es wichtig, die Werte eines Menschen zu kennen und möglichst in einen Einklang mit den Werten des Unternehmens zu bringen. So kann die Motivation des Teammitglieds gestärkt werden und die intrinsische Motivation gefördert werden.

Fähigkeiten / Talente

Auf dem dritten Ring des Persönlichkeitsmodells sind die Talente und Fähigkeiten angeordnet. Hier spiegeln sich die Kompetenzen eines Menschen wieder. Die Kompetenzen sind teilweise durch genetische Eigenschaften definiert, werden aber im Wesentlichen durch stetige Wiederholung (Üben) ausgebildet.

In der betrieblichen Praxis ist es sinnvoll, die Kompetenzen des Teams stetig zu erfassen und die Findung neuer Kompetenzen zu fördern. So gehören der kontinuierliche Blick auf die verborgenen Potentiale der Mitarbeiter und die betriebliche Weiterbildung zu den wichtigsten Aufgaben der Führungskraft.

Fazit: Für die Führungskraft ist es wichtig, die Fähigkeiten und Talente der Mitglieder des Teams zu kennen, denn viele Menschen verfügen über Fähigkeiten, die derzeit im beruflichen Kontext nicht abgerufen werden, in anderen Aufgabenstellungen aber extrem hilfreich sein können. Hier liegt in jedem Unternehmen ein riesig großes Potential, ein wahrer ungehobener Schatz.

Glaubenssätze / Blockaden / Erfahrungen

Die vierte Ebene des Persönlichkeitsmodells umfasst die Glaubenssätze einer Person, Ihre Erfahrungen und ggf. aufgebaute Blockaden.

Dieser Ring stellt einen Mechanismus dar, der das Verhalten steuert. Hat ein Mensch negative Erfahrungen gemacht, wird er künftig seine Handlungen auf Vermeidung einstellen. Hat er hingegen positive Erfahrungen gemacht, ist er auf die Erreichung neuer Ziele und Herausforderungen eingestellt.

Auf diese Art und Weise stellt sich im Laufe der Zeit ein System ein, das als Filter auf die Wirklichkeit funktioniert und alle Informationen vor dem Hintergrund der eigenen Glaubenssätze, Erfahrungen und Blockaden filtert. So spricht man in der Neurolinguistischen Programmierung auch von „Wahrnehmungsfiltern". Dabei liegt der Ansatz zugrunde, dass wir nicht die Realität selbst wahrnehmen, sondern durch den selektiven Gebrauch unserer Sinne und der Verarbeitung des Wahrgenommenen in Form von inneren Dialogen, Bildern, Gedanken und Gefühlen unsere individuelle Realität schaffen.

Fazit: Für die Führungskraft ist es wichtig, die eigenen Wahrnehmungsfilter zu kennen und zu erkennen, dass ihre Sicht der Dinge nicht die objektiv richtige ist. Die Erkenntnis, dass die eigene Wahrnehmung nicht der Realität der Dinge entspricht, eröffnet die Möglichkeit, in den Konflikten gelassener zu reagieren und Konsens leichter zu finden.

Verhalten

Alle bisher besprochenen Ringe der Persönlichkeit stellen die Grundlage für das konkrete Verhalten einer Person dar. Sie haben Einfluss darauf, was die Person in welchen Lebenssituationen wahrscheinlich machen wird.

Obwohl das Verhalten einer Person durch komplexe Vorgänge gesteuert ist, haben sich im Alltag Automatismen entwickelt, die bewirken, dass wir uns in ähnlich gelagerten Situationen immer auf eine ähnlich gelagerte Art und

Weise verhalten. Man nennt dies auch Verhaltenspräferenzen. Und diese Verhaltenspräferenzen sind messbar.

Ein Verfahren mit hoher Akzeptanz in der betrieblichen Persönlichkeitsdiagnostik, das ich kurz vorstellen möchte, ist das INSIGHTS-Verfahren. Hierbei wird aufgrund eines Fragebogens die Verhaltenspräferenz einer Person ermittelt und farblich dargestellt. Dabei gibt es vier unterschiedliche Ausprägungen: Zuverlässig, ordentlich, konservativ, perfektionistisch, sorgfältig und präzise (BLAU), ehrgeizig, kraftvoll, entschlossen, willensstark, unabhängig und zielorientiert (ROT), geduldig, zurückhaltend, zuverlässig, beständig, entspannt und bescheiden (GRÜN) und enthusiastisch, begeisternd, freundlich, offen und kommunikativ (GELB).

Auf Basis dieses Fragebogens wird ähnlich wie im bereits beschriebenen Reiss-Profile ein Diagramm erstellt, das anschaulich zeigt, in welche der vier Bereiche eine Person strakt tendiert. Zudem wird ein umfassender Bericht erstellt, der verdeutlicht, wie sich die Person immer wieder in ihrem Verhalten ausrichtet und welche Bedeutung diese Verhaltenspräferenzen im Zusammenspiel mit anderen Menschen haben.

Fazit: Mit der Erkenntnis der eigenen Verhaltenspräferenzen lassen sich neue Zugänge zum Handeln der Menschen finden. Zudem dient sie dazu, den Menschen ein besseres Verständnis für die eigenen Verhaltensmuster zu vermitteln, die Bereitschaft zur Veränderung zu erhöhen und das klare Bewusstsein von Stärken, Schwächen und Potenzialen sichtbar zu machen sowie eine Erhöhung der Handlungsfähigkeit zu ermöglichen.

Wirkung

Der äußere Ring des Persönlichkeitsmodells beschreibt die Wirkung, die ein Mensch auf seine Umwelt hat. Zwar hat man auf die „inneren Faktoren" wie Motive und Werte keinen unmittelbaren Einfluss, aber auf die Wirkung, also das, was man nach außen sichtbar werden lässt, schon. Die Wirkung können wir bewusst beeinflussen und durch Bewusstmachen unterbewusster Handlungen und Training in die gewünschte Richtung verändern.

Dabei ist es zunächst notwendig, sich der Fremdwahrnehmung bewusst zu machen. Wie oben bereits beschrieben, unterliegen wir Menschen dem Effekt des self-huggings und halten unser eigenes Persönlichkeitsprofil für das einzig „richtige". Wir glauben, dass uns alle Menschen so wahrnehmen, wie wir uns selbst sehen. Dem ist aber nicht so. Da jeder Mensch seinen eigenen Wahrnehmungsfilter hat, kann die Eigenwahrnehmung einer Person drastisch von der Fremdwahrnehmung abweichen, besonders dann, wenn die fremde Person ein absolut konträres Persönlichkeitsprofil aufweist.

Beispiel:
Im Kapitel über die Motive bin ich bereits auf die unterschiedlichen Ausprägungen des Motivs „Ordnung" eingegangen. Anhand dieses Beispiels will ich kurz zeigen, wie stark die Eigenwahrnehmung eines Menschen mit hohem Ordnungsmotiv von der Fremdwahrnehmung abweichen kann.

Ein Mensch mit hohem Ordnungsmotiv denkt über sich selbst: Ich bin ordentlich, organisiert, sauber, strukturiert, sensibel für Hygiene, sozialisiert, detailorientiert, stark kontrolliert, voll konzentriert auf eine Sache. Dinge „abhaken" ist gut. Alles muss seine Ordnung haben. Ordnung kommt von innen nach außen. Ich habe eine klare Linie in der Ordnungsstruktur, ich liebe Rituale, mache Pläne und halte sie ein.

Ein Mensch mit niedrigem Ordnungsmotiv denkt über ihn: Der Andere ist streng, pingelig, detailverliebt, übertrieben reinlich, zu perfekt, kontrolliert, „Erbsenzähler", kümmert sich um triviale Dinge, ist langweilig, spießig, fanatisch, zwanghaft, nicht leistungsfähig, wenn es anders kommt als geplant[8].

Fazit: Sich über die eigene Wirkung Gedanken zu machen und gezielt an der eigenen Wirkung zu arbeiten ist für jeden Akteur im Team wichtig. Neben der Eigenwahrnehmung ist es wichtig, zu verstehen, wie anderen Menschen die eigene Person unter Umständen wahrnehmen um so ein besseres Verständnis für mögliche Missverständnisse aufzubauen.

Unmittelbares Feedback etablieren
„Feedback (engl. = Rückmeldung, Rückinformation) bezeichnet in der Kommunikation von Menschen die Rückübermittelung von Informationen durch den Empfänger einer Nachricht an den Sender jener Nachricht. Diese Informationen melden dem Sender, was der Empfänger wahrgenommen bzw. verstanden hat, und ermöglichen dem Sender durch etwaige Korrektur des Verhaltens auf die Rückmeldungen des Empfängers zu reagieren.[9]"

Feedback ist also die Voraussetzung dafür, dass der Sender einer Information erkennen kann, ob die Information in der gewünschten Form beim Empfänger

---

[8] *Reiss – deep analysis – Motiv Ordnung*
[9] *http://de.wikipedia.org/wiki/Feedback_(Kommunikation)*

angekommen ist. Ist die Information unvollständig oder verfälscht angekommen, so kann dies daran liegen, dass der Sender beim Aussenden der Information nicht genau genug vorgegangen ist, oder daran, dass der Empfänger die Information missverstanden hat. Nur mit einem offenen Feedback des Senders kann der Empfänger also überprüfen, ob die Information korrekt angekommen ist und ggf. nachjustieren.

Wenn man sich die betriebliche Praxis einmal anschaut, erkennt man, dass in der Personalführung heutzutage oft nur das jährliche Personalgespräch das Feedback-Gespräch der Wahl ist. Hier setzen sich in der Regel die Führungskraft und sein Mitarbeiter zusammen und besprechen, ob die Ziele des letzten Jahres erreicht wurden und welche Ziele für das neue Jahr festgelegt werden. Ggf. werden Maßnahmen zur Weiterbildung oder zur persönlichen Entwicklung des Mitarbeiters besprochen und das Ganze protokolliert und in die Personalakte abgelegt.

Neben diesem systematischen Gespräch findet Feedback allenfalls zwischen „Tür und Angel" statt, im Flur oder auf der Toilette. Und inhaltlich beschäftigt man sich in der Regel immer nur mit den Dingen, die schief gelaufen sind. Und meistens reagiert man impulsiv und persönlich getroffen vom „Fehlverhalten" des Mitarbeiters. Positives Feedback wird viel zu selten geäußert – dabei erleben Mitarbeiter gerade dadurch erst die Wertschätzung ihres Vorgesetzten. Gerade die Leistungsträger bekommen oft am wenigsten Lob. Hier gilt oft das Schwaben-Prinzip: „Nichts gesagt ist genug gelobt!".

Doch um Feedback mit Wertschätzung wahrhaft geben zu können, muss man nah an den Mitarbeitern dran sein und sich die Zeit nehmen, sie kennenzulernen und zu verstehen. Man muss sie begleiten und sich bemühen, ihre Wünsche nach Unterstützung, Motivation und Antrieb kennenzulernen.

Hier spielen auch die neuen Kommunikationstools zu: Durch die große Akzeptanz von WhatsApp haben die Mitarbeiter vieler Unternehmen bereits oft informelle WhatsApp-Gruppen gebildet, in denen die Kommunikation schnell und vielschichtig läuft: Privates wird mit Dienstlichem vermischt und schnell – auch über Arbeitszeiten und Bürogrenzen hinweg – offen kommuniziert.

Diese Tools kann man sich auch als Führungskraft zunutze machen: Feedback wird so anders, schneller, vielschichtiger und anspruchsvoller. Ein Beispiel, was damit gemeint ist, zeigt ein Video, das ich auf meiner Homepage bereitgestellt habe.[10]

[10] http://www.theo-prinz.de/profil/id.php?v=4

Wenn man drei Metronome auf eine feste Basis stellt, bewegt sich jedes in seinem individuellen Takt. Sie arbeiten nicht in Gleichklang – egal wie exakt die Geschwindigkeit auch eingestellt wird.

Die Metronome symbolisieren drei Mitarbeiter mit ihrem jeweils ganz eigenen Kopf. Und da jeder von ihnen seine persönlichen Werte und Vorstellungen mitbringt, seine individuellen Erfahrungen und Lebenseinstellungen hat, arbeitet jeder in seinem individuellen Takt.

Stellt man die Metronome aber auf eine gemeinsame Basis, die auf Rollen gelagert ist, dann synchronisieren sie sich und finden einen gemeinsamen Takt. Jeder gibt einen Teil seines „überschüssigen" Impulses an die anderen ab und so schwingen sie sich aufeinander ein.

Das geht nur, wenn der feste Untergrund dynamisiert wird – z.B. durch die Rollen. Genauso sollte modernes Leadership funktionieren: Regelmäßig Kontakt halten, dynamische Kommunikationstools nutzen und unmittelbar Hilfestellung oder Lob als Feedback geben.

Wertschätzung hat Priorität
Menschen, die aus sich heraus motiviert sind und mit Spaß und Leidenschaft an der gemeinsamen Sache arbeiten, kann man nicht zwingen oder gängeln.

Und Wissensarbeiter, deren Knowhow eines der wichtigsten Wirtschaftsgüter in den Unternehmen sind, lassen sich schon gar nicht wie reine „Produktfaktoren" behandeln. Sie benötigen einen großen Freiraum, die Möglichkeit zur persönlichen Entfaltung und einen fairen und offenen Umgang miteinander.

Die Wertschätzung der Menschen untereinander wird somit zum entscheidenden Faktor dafür, ob sich die Wissensarbeiter wohl fühlen und voll einbringen können oder ob sie auf der Suche nach einem Arbeitgeber sind, der sich um ihr Wohlbefinden besser kümmert.
Wo immer Menschen aber zusammentreffen, entstehen auch Konflikte. Insbesondere dann, wenn sie sich zu Gruppen zusammenfinden, was künftig in modernen Unternehmen immer wieder und in immer anderen Zusammensetzungen der Fall sein wird. Ein Team aufzustellen, erfordert aber zunächst einen Tribut: Bevor das Team performant arbeiten kann, muss es immer wieder die einzelnen Phasen der Gruppenbildung durchlaufen, in denen es fast immer

zu Teamfindungsproblemen kommt. Bekannt ist dieses Phänomen auch unter dem Namen ‚Teamuhr‘ oder ‚Teamentwicklungsuhr‘ nach dem amerikanischen Psychologe Bruce Tuckman.

Unternehmen der Zukunft werden also lernen müssen, Konflikte zu moderieren und den Menschen mit absoluter Wertschätzung zu begegnen. Wertschätzung im Unternehmen bedeutet aber nicht nur die wertschätzende Behandlung des Einzelnen sondern immer auch das Vorhandensein einer wertschätzenden Vertrauenskultur. Sie regelt die Art des Umgangs untereinander und die Handlungsmuster und Wertesysteme, die sich in der Geschichte des Unternehmens herausgebildet haben. Jedes Unternehmen kann dieses soziale Umfeld der Arbeit und die damit verbundene Vertrauenskultur zielgerichtet beeinflussen und so Rahmenbedingungen schaffen, die es für die Leistungsträger interessant machen, sich in diesem Unternehmen einzubringen.

Dazu gehören klare Regeln für den Umgang miteinander, attraktive Büroräume, liberale Regelungen bezüglich der Arbeitszeiten, der Arbeitsorte und der Arbeitsbedingungen. Unternehmen, die noch nicht über Homearbeitsplätze oder eine Flexibilisierung der Arbeitszeiten nachgedacht haben, sind gehalten, dies schnell nachzuholen.

Einerseits ist es wichtig, klare Regeln zu schaffen, die das Zusammenleben sichern und organisieren, andererseits ist es manchmal notwendig, gerade diese Regeln zu brechen. Die Führungskräfte der Zukunft werden lernen müssen, diesen Spagat zu meistern und auf der Basis von Wertschätzung und Liebe zum Menschen im Einzelfall zu entscheiden.

Auch hier sind es wieder die Start-Up's, die aufzeigen, wie man wertschätzende und dynamische Strukturen aufrechterhält. Das starke Wachstum, was viele von ihnen inzwischen aufzeigen, bringt auch festere Strukturen mit sich. Das Feeling des jungen, etwas chaotischen Unternehmens geht häufig verloren.

Deshalb hat sich hier sogar ein neues Berufsbild entwickelt: Feelgood-Manager sorgen gezielt dafür, dass es den Mitarbeitern gut geht und dass sie das Unternehmen als Ort erleben, an dem sie gerne sind und an dem sie sich wohl fühlen.

So sehr hier auch ein neuer Beruf entsteht, es ist trotzdem nicht unbedingt erforderlich, diese Aufgaben in Form einer eigenen Stelle zusammenzufassen,

www.readmore-shop.de

Werde unser Fan bei Facebook
http://www.facebook.com/Readmore.Shop

wenn alle Führungskräfte sich diese Aufgaben teilen und dafür sensibilisiert werden, dass es die Lebenszeit der Menschen ist, die im Unternehmen eingebracht wird und dass diese Lebenszeit ein kostbares Gut ist.

Erfahrungen sammeln, Fehler machen

Werfen wir einen Blick zurück in unsere eigene Kindheit. Welche Eindrücke haben uns besonders geprägt? An welche Situationen können wir uns besonders erinnern?

Ich bin mir sicher, wenn Sie einmal darüber nachdenken, fallen Ihnen tausend Situationen ein, die Sie besonders geprägt haben, in denen Sie etwas Besonders gelernt haben. Oder Menschen, die als Vorbild für einen bestimmten Aspekt Ihres Lebens oder Ihres Werdegangs stehen. Aber fallen Ihnen auch Worte ein? Was hat Ihre Mutter oder Ihr Vater Ihnen genau gesagt, als Sie zum ersten Mal mit dem Auto gefahren sind?

Wir Menschen lernen nicht – oder nur sehr unwesentlich – durch Worte. Wir lernen vielmehr – oder fast sogar ausschließlich – durch die *Erfahrungen*, die wir machen und durch die Vor-*Bilder*, die uns prägen. Und die wirksamste Form des Lernens ist das Lernen durch *Fehler*. Nur durch den ständigen Prozess des *Fehlers* und des *Verbesserns* schaffen wir es irgendwann, etwas Außergewöhnliches zu schaffen.

Wesentliche Aufgabe der Führung der Zukunft wird es also sein, Rahmenbedingungen für *Fehler* und für *Erfahrungen* zu schaffen und eine klare Fehlerkultur in den Unternehmen zu etablieren. Unternehmen wie Apple, Google oder Facebook machen es vor: Gopi Kallayil, Chief Evangelist bei Google, fasst die Fehlerkultur bei Google deshalb so zusammen: „There is a belief in the company that if you don't fail often enough, you're not trying hard enough."

Unternehmen, die von Innovationen leben, wissen, dass es notwendig ist, Dinge auszuprobieren und gegebenenfalls auch zu scheitern. Fehler aus dem Drang nach dem Ausprobieren heraus sind aber von Fehlern zu unterscheiden, die aus grober Fahrlässigkeit oder Vorsatz heraus entstehen. Auch hier werden klare Regeln zu definieren sein: Die Ersteren sind zu belohnen, die Letzteren zu bestrafen.

Fazit zu den Führungsqualitäten der Zukunft

Neben der Nutzung der beschriebenen Tools sollten Führungskräfte über eine ausgereifte Persönlichkeit und Charisma verfügen, sowie über ausgeprägte intuitive Fähigkeiten. Aus Führungskräften werden Mentoren. In einem großen Unternehmen wurde eine Befragung nach den 10 wichtigsten Eigenschaften eines guten Mentors gefragt:

„Wenn Sie nur 10 Minuten Zeit hätten, um mir Ihre Kernfähigkeiten, Hinweise, Ratschläge mit auf den Weg zu geben, die mir helfen würden einen ähnlichen erfolgreichen Weg zu gehen wie Sie, welche Punkte wären das?"

Nach kurzem Überlegen nannte die erfolgreiche Führungskraft die folgenden 10 Punkte:

Die Fähigkeit, sich in andere hinein zu versetzen und auch die Situation von oben betrachten zu können.

Die Wirkungen auf mich (Ärger usw.) sind nicht Absicht des anderen (der andere ist nicht böse und ich bin nicht schuld).

Die Fähigkeit, sich zu entschuldigen, damit übernehme ich Verantwortung; Bereit sein auf die eigene Version der Geschichte zu verzichten.

Ein anspruchsvolles Ziel zu haben, aber in seiner Zufriedenheit nicht abhängig zu sein von dem Erreichen dieses Zieles.

Die Fähigkeit, dankbar zu sein für das, was man hat (es sind Geschenke und ich bin nicht abhängig von den Gütern, die ich besitze).

Sich Bilder von dem machen, was möglich ist! Tagträumen ist nie Zeitverschwendung. Tu so als ob! Worin kann ich der Beste werden?

Ich kann von jedem etwas lernen. Es gibt mindestens eins, was der andere besser kann als ich.

„Wild sein" auf Feedback. Was kann ich noch besser machen?

Klebe keine „Ärgerpunkte"!

Konkret, mutig, realistisch und pragmatisch in dem, was schief gehen könnte; positiv und das Beste erwartend im Endbild (Glaube an Allah und binde Dein Kamel fest) [11].

Theo Prinz
Theo Prinz steht als Unternehmer, Speaker & Business-Expert für Persönlichkeit, Führung, Unternehmertum und seine große Leidenschaft, die IT.

[11] *http://www.leadion.de/artikel.php?artikel=0618*